茶会活动策划与管理

（微课版）

温燕　主编

康保苓　卓敏　冯骏宁　唐贵珍　副主编

清華大学出版社

北　京

内 容 简 介

茶文化是我国优秀传统文化的组成部分，茶会则是其中一个重要的载体。本书共八个项目，系统介绍了茶会活动的概念及茶会活动组织和管理的方法。本书主要内容包括茶会活动概述、活动策划与管理基础、茶会活动主题与项目策划、茶会活动营销策划、茶会活动预算、茶会活动筹备、茶会活动执行、茶会活动总结，突出了茶会活动策划、筹备、执行的"四六四"实施策略。为方便学习者进行理实一体化学习，本书的每个任务都设计了茶会活动案例和实训项目。

本书每个项目均配有教学视频和教学课件，可作为高等职业院校、应用型本科院校旅游大类相关专业的教材，也可作为茶文化相关企业进行茶会、茶事活动策划与管理的参考用书。

图书在版编目(CIP)数据

茶会活动策划与管理：微课版/温燕主编．—北京：清华大学出版社，2023.7(2025.1 重印)
高职高专旅游大类专业新形态教材
ISBN 978-7-302-63936-7

Ⅰ．①茶…　Ⅱ．①温…　Ⅲ．①茶文化—活动—组织管理学—高等职业教育—教材
Ⅳ．①TS971.21

中国国家版本馆 CIP 数据核字(2023)第 108854 号

责任编辑：强　微
封面设计：傅瑞学
责任校对：李　梅
责任印制：曹婉颖

出版发行：清华大学出版社
网　　址：https://www.tup.com.cn，https://www.wqxuetang.com
地　　址：北京清华大学学研大厦 A 座　　**邮　　编**：100084
社 总 机：010-83470000　　**邮　　购**：010-62786544
投稿与读者服务：010-62776969，c-service@tup.tsinghua.edu.cn
质量反馈：010-62772015，zhiliang@tup.tsinghua.edu.cn
课件下载：https://www.tup.com.cn，010-83470410
印 装 者：三河市天利华印刷装订有限公司
经　　销：全国新华书店
开　　本：185mm×260mm　　**印　　张**：10.5　　**字　　数**：248 千字
版　　次：2023 年 7 月第 1 版　　**印　　次**：2025 年 1 月第 3 次印刷
定　　价：39.00 元

产品编号：096604-01

序

茶，源于中国，兴盛于唐宋，乃华夏文明之瑰宝，历经千年，形成了璀璨的中华茶文化。历朝历代，茶会都是文人雅士休闲生活的一部分，也是一种高雅的集会形式，文人们在茶会上切磋技艺、品茗赋诗、互相唱和。随着茶文化的发展，茶会也成为现代人以茶会友、文化推广的重要手段，人们以茶为题、以茶为媒、以茶为美进行茶文化的传播与交流。

2021年，习近平总书记提出“要把茶文化、茶产业、茶科技统筹起来”“要统筹做好茶文化、茶产业、茶科技这篇大文章”，吹响了奋进新时代、推动茶业高质量发展的号角，极大地激发起中国茶人的文化自信自强、科技自立自强和建设茶业强国的奋斗精神。其中，茶会的作用毋庸置疑。

茶会的形式丰富多样，规模大小不一。从形式上看，爱茶人士以茶会友进行品茗交流；茶文化组织以雅集茶会为主传播茶文化；茶企业通过品鉴茶会宣传推广自己的茶产品；茶产地政府通过茶会活动助推茶产业发展。从规模上来看，大到全国各地的国际茶业博览会、浙江杭州的中华茶奥会，湖北五峰茶旅大会、江西浮梁买茶节，以及随着春茶日的到来，产茶地开展的采茶节、茶文化节等；小到各地举办的敬老茶会、浙江省老茶缘茶叶研究中心等组织的“钱塘茶会”，杭州你我茶燕的“七七茶会”等，都是通过茶会进行茶文化的传播和茶产业的推广。

茶会活动繁荣发展的背后，需要大量专业的人士进行活动的策划、组织和管理，需要高校茶文化专业有针对性地开展人才培养。我很高兴地看到，浙江旅游职业学院茶艺与茶文化专业团队踏实肯干，结合文化旅游行业背景和行业需求，积极推进教学改革，进行了多年的课程实践，形成了成熟的教学知识体系，积累了丰富的教学案例。该团队也积极与其他院校茶文化专业教师、茶文化科研机构、茶行业企业进行交流合作。经过多番打磨与修订，本书得以出版。

本书以茶文化发展为背景，结合活动策划理论进行编写，在知识内容上资料翔实，科学严谨。本书共分八个项目，包括茶会活动概述、活动策划与管理基础、茶会活动主题与项目策划、茶会活动营销策划、茶会活动预算、茶会活动筹备、茶会活动执行和茶会活动总结；项目下设有二十四个任务，以任务为导向进行教学；任务下设知识点，在知识点中又配有相应的视频学习资料和丰富的茶会案例；任务后设有相应的实训项目，注重理论与实践相结合。本书可作为高校茶艺与茶文化专业的核心教材，可以为茶文化爱好者、茶文化传播者、茶会活动组织者提供帮助。

“茶和天下，共品共享”，茶会作为共品共享的舞台，可以融合中华灿烂的文化，增强中华文明传播力和影响力。本书的出版必将有效促进茶文化的推广，助力中国茶文化专业的建设，推动茶文化和茶产业走向辉煌。

浙江大学茶叶研究所所长　王岳飞教授

2023年4月

前言

PREFACE

茶文化是我国优秀传统文化的组成部分，茶会则是其中一个重要的载体。茶会是以茶、茶点招待宾客的一种聚会方式，也是文人交朋会友、吟诗作赋、切磋技艺的一种文化雅集形式。党的二十大报告指出，增强中华文明传播力影响力，要坚守中华文化立场，提炼展示中华文明的精神标识和文化精髓。近年来，随着文化自信的不断增强，传统文化受到广泛重视，茶文化得到发展和推广，茶会活动也在社会发展的各个领域发挥着日益重要的作用。

浙江旅游职业学院茶艺与茶文化专业作为教育部现代学徒制专业、浙江省特色专业、文旅融合的现代化专业，在建设过程中紧跟职业教育课程改革的步伐，形成了完善的人才培养方案和课程体系。其中，茶会活动策划与管理为专业核心课程，主要培养学生茶会活动的策划、组织和管理的能力。本书由该课程的教学团队领衔，针对茶文化从业人员职业能力要求，结合校企发展需求，依据多年举办茶会活动的经验编写而成。

本书从“赏古人雅集、析今人茶事”入手，阐述了活动策划的创新思维理论，并从活动执行的角度重点讲述了茶会活动策划、筹备、执行的“四六四”实施策略：第一个“四”为茶会活动策划四关键，包括活动主题、活动项目、活动营销、活动预算；“六”是活动筹备六要素，包括流程设计、人员安排、时间管理、场地布局、物料准备、风险控制；第二个“四”是活动执行四保障，包括接待、流程、物料、安全。本书共包含八个项目、二十四个任务，主要具有以下特点。

（1）注重理论与实践相结合。本书包含了系统的茶会活动策划与管理理论知识，并按照活动策划和执行的实际经验设计了一套完整的实训任务，在每个任务中设计了茶会活动案例和实训环节，帮助学生独立策划、筹备、执行一场茶会活动，充分掌握相关实践技能和职业能力。

（2）贴合茶会活动实际，注重创新性设计。茶会活动与其他活动不同，活动项目设计、活动场景布局、活动物料准备等都有其专业性，因此需要很多茶文化知识。本书基于多年教学经验和茶会活动策划与管理的实际经验，充分贴合茶会活动实际，创新性地设计了茶会活动策划“四六四”实施策略，并按照活动策划与执行的思路编写完成。

（3）校企合作编写，教学内容丰富。本书联合五所设有茶艺与茶文化专业的院校共同编写，并有多所校企合作单位提供了丰富的案例和图片素材，为本书教学内容的丰富性和互动性提供了支持。本书融入了大量活动策划的案例和现场执行图片，使知识点的讲解更加直观、生动。

(4) 配套资源丰富，多种媒体融合。本书每个项目均配有教学视频和教学课件，学生可通过扫描书中二维码获得相关数字资源，或登录学习平台观看在线开放课程。

(5) 注重课程思政建设。本书注重弘扬我国优秀的茶文化精神，引导学生自觉弘扬传统文化，并在每个项目中设计素质目标指导实践，引导学生深刻理解并自觉践行相关职业精神和职业规范，增强职业责任感。

本书由浙江旅游职业学院温燕担任主编，负责总纂与定稿，并联合多所院校教师共同编写，具体分工如下：项目一由康保苓（浙江旅游职业学院）和温燕编写；项目二由温燕和张钰（郑州旅游职业学院）编写；项目三的任务一～任务三由唐贵珍（浙江经贸职业技术学院）和温燕编写，任务四由温燕编写；项目四由卓敏（广东科贸职业学院）和陈彦峰（广东科贸职业学院）编写；项目五由邵鹿洲（浙江旅游职业学院）编写；项目六、项目八由温燕编写；项目七由冯骏宁（云南旅游职业学院）和温燕编写。

本书中有大量案例和素材来自校企合作单位，特别感谢中国国际茶文化研究会、杭州市上城区茶研会、杭州湖畔居茶楼、杭州你我茶燕、杭州素业茶院、杭州茗庐茶文化体验馆、杭州青藤茶馆等提供的案例和素材；特别感谢浙江大学茶叶研究所所长王岳飞教授对课程建设的指导；特别感谢原《浙江省茶叶志》、现《浙江通志・茶叶专志》主编阮浩耕老师对本书古代茶会部分的认真校对和提出的宝贵意见；感谢国家级技能大师工作室领衔人倪晓英老师和浙江农林大学沈学政老师提供的资料和对本书编写体例的指导；感谢中国国际茶文化研究会瞿旭平老师对本书的指导；感谢浙江传忠国术研究院徐志高老师提供的资料。

本书在编写过程中参考了相关文献，在此一并表示感谢。由于编者水平有限，书中难免存在不足之处，衷心希望广大读者提出宝贵意见。

编　者

2023 年 2 月

目　录

CONTENTS

二维码目录

项目一 茶会活动概述

※ 了解古代茶会的起源，熟悉古代茶会的发展及特点。
※ 掌握现代茶会概况，掌握现代茶会的分类。

※ 学习茶会的发展，认识中华民族的茶文化精神，增强责任感和历史感。
※ 学习古代茶人的廉洁精神，养成廉洁自律的习惯，树立以茶倡廉的理念。
※ 学习现代茶会的发展，树立茶文化传承理念，做优秀茶文化的传承人。
※ 学习现代茶会概况，树立茶会传递茶文化精神理念，促进社会与家庭和谐发展。

任务一　古代茶会活动

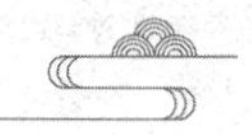

情景设置

唐代文人茶会

唐代文人茶会盛行，吕温在《三月三日茶宴序》中记载了一次闲适的茶会："三月三日，上巳禊饮之日也。诸子议以茶酌而代焉。乃拨花砌，憩庭阴，清风逐人，日色留兴，卧指青霭，坐攀香枝。闲莺近席而未飞，红蕊拂衣而不散。乃命酌香沫，浮素杯，殷凝琥珀之色。不令人醉，微觉清思，虽五云仙浆，无复加也。"好一派春和景明、茶香宜人的场景。

任务提出：茶会在古代已经是茶文化交流的一种重要形式，广泛应用于日常生活和社会交往中。那么，茶会的起源是怎样的？古代茶会有哪些代表类型和特点呢？

任务导入：请根据所学知识和查阅的相关资料，将古代茶会的发展、特点和代表类型用思维导图的形式画出。

茶会又称茶宴或茶集，是以茶、茶点招待宾客的一种聚会方式，也是文人交朋会友、吟诗作赋、切磋技艺的一种文化雅集形式。茶会是一种历史悠久的茶事活动。作为社会化的活动，茶会具有鲜明的功能性，是茶文化传播的重要平台，也是茶文化知识体系中不可或缺的一部分。

茶会的起源

一、茶会的起源

茶会活动发展至今，已有一千多年的历史。茶会之始可追溯到魏晋南北朝时期的东晋时代（317—420 年），在茶会活动出现的

初期,茶会被广泛称为"茶宴"。茶宴的肴馔以适合于茶为前提,主要由果实及其加工品、素食菜肴、谷物制品构成。朴实但精致的茶果搭配使茶宴形成了迥异于酒宴的俭约的风格特征,正好符合当时以茶倡廉、以茶明志的文士理念,因而得到了广泛的发展。

据史料记载与后人推论,东晋陆纳是茶会活动的最早倡导人,被称为"开路者"。《晋中兴书》曰:"陆纳为吴兴太守时,卫将军谢安尝欲诣纳。纳兄子俶怪纳无所备,不敢问之,乃私蓄十数人馔。安既至,纳所设唯茶果而已。俶遂陈盛馔,珍馐毕具。及安去,纳杖俶四十,云:'汝既不能光益叔父,奈何秽吾素业。'"东晋吴兴太守陆纳的"以茶设宴"是历史记载最早的茶会活动。

茶会活动是饮茶风气盛行的产物。茶会起源于东晋,说明从魏晋时期开始,茶荈已不仅仅被当作养生的药物,而逐渐开始以一种饮品的身份为人们所接受、喜爱,饮茶之风在当时已逐渐兴起。

二、古代茶会

茶会最早起源于魏晋南北朝时期,但是"茶会"这个名称出现于唐代。比较有代表性的茶会流行时期是唐代、宋代、明代和清代。这几个时期的茶会可以基本反映中国古代茶会的发展情况。

(一)唐代茶会

唐代茶会

唐朝是中国古代社会发展的一个高潮,社会经济的进步为饮茶的普及和茶会的发展奠定了良好的基础。当时社会上以茶为礼、以茶馈赠盛极一时,围绕茶的饮用还兴起了一些其他新的风尚,茶会便是其中最值得称道的一种。唐代对茶会尚未进行统一称呼和规定,既称茶会,也称茶宴或茗宴。

1. 主要特点

唐代茶会盛行,从唐代流传下来的诸多文学作品中可以感受到其风雅之情,刘长卿的《惠福寺与陈留诸官茶会》、钱起的《过长孙宅与朗上人茶会》以及周贺《赠朱庆余校书》等诗作都有相关描述。钱起的《过张成侍御宅》诗中"杯里紫茶香代酒"之句,描写了文人集会"以茶代酒"的情形,说明此时的茶会已经与酒会分离,成为正式的集会形式。

2. 典型代表

唐代茶会主要类型有宫廷茶会、文人茶会、寺院茶会等。其中,宫廷茶会场面气派,最为豪华的清明宴就是皇家的新茶品鉴会,通过茶会可宴请群臣,彰显国力强盛与皇恩浩荡。

清明宴是君王以新到的顾渚紫笋贡茶宴请群臣的盛宴,其仪规多由朝廷礼官主持,既有仪卫以壮声威,又有乐舞以娱宾客,如图 1-1 所示。席间,有香茶佐以粽子、百花糕等各式点心,还会展示精美的鎏金宫廷茶具。君王希望通过盛大的茶宴来展示大唐威震四方、富甲天下的气象,同时也显示出自己精行俭德、泽被群臣的风范。唐代诗人张文规的《湖州贡焙新茶》有诗句:"凤辇寻春半醉回,仙娥进水御帘开。牡丹花笑金钿动,传奏吴兴紫笋来。"描绘了唐代宫廷生活的一个场景,也表达了对贡焙新茶的赞美之情。

图 1-1　清明宴

鲍君徽是唐德宗时期的宫女，也是一位诗人，其作品《东亭茶宴》描写宫女妃嫔在郊外亭中举行茶宴的情形：

闲朝向晚出帘栊，茗宴东亭四望通。
远眺城池山色里，俯聆弦管水声中。
幽篁引沼新抽翠，芳槿低檐欲吐红。
坐久此中无限兴，更怜团扇起清风。

文人茶会有两种形式：一种是邀集茶侣诗友，品茗抒怀，翰墨往还，增进友谊，如《五言月夜啜茶联句》中描述的是颜真卿在湖州任刺史期间，与皎然、陆士修等人的联谊茶会，他们以茶言志，既显清高，又富有雅趣；另一种是送别故旧、表示眷恋之意而设的茶宴，著名的《一至七言诗·茶》就是白居易以太子宾客分司东郡的名义赴洛阳时，元稹与王起等人相送所作。“洗尽古今人不倦，将知醉后岂堪夸”，以茶性比喻德行，留下了传唱千古的佳作。

唐代寺院盛行饮茶，一方面是因为当时制茶技术提高、饮茶习惯普及，另一方面是因为以饮茶为中心的“茶会”为僧人提供了一个重要的社交场合。寺院茶宴以饮茶为主，在饮茶的同时佐以相应的素食，也会在茶宴中结合参禅说法。

（二）宋代茶会

茶会发展至宋代，与之前相比有了很大变化，茶会形式逐渐发展成熟，并且特色更加明显。

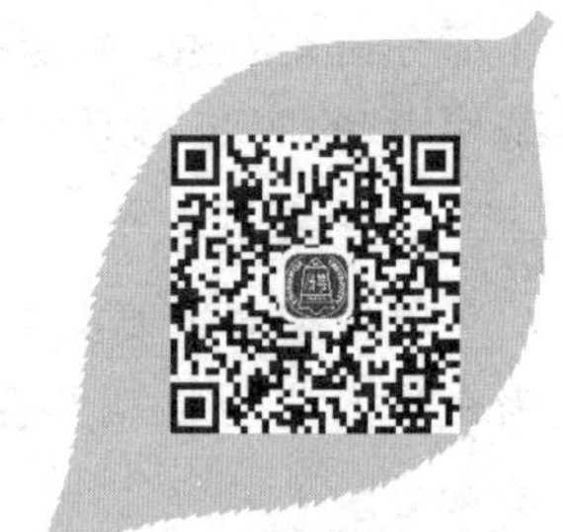

宋代茶会

1. 主要特点

宋代茶会是文人群体交际、休闲、创作的场合，人们将更多的注意力投向茶或所谓茶之道，通过品鉴茶之形、香、色、味，欣赏茶具的精美和点茶、分茶手法的精妙纯熟，并作诗加以描写和赞叹。文人们从茶中获取审美愉悦，也促使茶与文学发生更加密切的联系。另外，宋代寺院茶会的流程、仪式规定也更加明确。

2. 典型代表

宋代茶会的典型代表为文人茶会和寺院茶会。

宋代文人茶会盛行。宋代文人皇帝宋徽宗擅长点茶、分茶技艺，曾在皇宫亲自主持茶会，他创作的《文会图》描绘了当时宫廷茶会的情景，如图 1-2 所示。从画作中可以看到，茶会环境幽静，绿柳翠树间，文士们环桌而坐。这次聚会有茶亦有酒，徽宗题诗"吟咏飞毫醒醉中"。桌上摆设酒器、茶具，与插花、弹琴、焚香等艺术形式相结合，显示出其高雅风韵。

图 1-2 《文会图》

寺院茶会发展至宋代已有了专门的禅门清规"茶汤礼"，对茶会的具体步骤都有明确规定，即以茶汤煎点这种形式来传达礼数、交流情感和沟通信息。寺院茶会主要有四节茶汤礼仪：僧职任免茶汤礼仪，挂搭[①]新到特为茶汤礼仪，接待官员、擅越、尊宿茶汤礼仪，日常茶汤礼仪。

径山寺建于唐代，盛于南宋，为五山十刹之首。径山茶宴又名茶礼、茶会、茶汤煎点等。径山茶宴是在宋代形成的典型的寺院茶会代表，它原是径山寺接待贵客上宾时的一种茶会，起源于唐代。径山茶宴已于 2011 年列入全国第三批"非遗"保护名录。传承复原的径山茶宴包括了张茶榜、击茶鼓、恭请入堂、上香礼佛、煎汤点茶、行盏分茶、说偈吃茶、谢茶退堂等十余道仪式程序，宾主或师徒之间用"参话头"的形式问答交谈，机锋说偈，是我国禅茶文化的经典样式。图 1-3 为杭州余杭径山寺复原的径山茶宴。

---

① 挂搭：新投寺院暂住的行脚僧。

图 1-3　杭州余杭径山寺复原的径山茶宴

（三）明代茶会

明代是制茶技术发展的重要时期。散茶冲泡品饮方式的盛行，使茶器也随之改变，饮茶变得更为便捷，茶会活动在民间的开展也更为普遍。

茶会链接 1-1
径山茶宴

1. 主要特点

明代文人喜爱寄情山水，饮茶、茶聚也趋于自然化，对饮茶时的自然环境要求颇高，乐于将茶与自身融于大自然中，并极力追求饮茶过程中自然美、环境美与茶饮美之间的和谐统一。在一些明代著作中，关于饮茶环境的描写中出现最多的字眼是山、石、松、竹、泉、云等，常给人以超凡脱俗之感。除了要求在大自然中茶聚外，明代文人对同饮的茶人也有颇多讲究。

2. 典型代表

明代茶会最为典型的是文人茶会。

由于明代文人对饮茶、茶会的要求较高，茶会活动形成了明代特有的茶会风格，被称为文士茶会。明代书画家文徵明的《惠山茶会图》就是一幅反映明代文士茶会的典型画作，如图 1-4 所示。该图描绘的是明正德十三年（1518 年）清明时节，文徵明与好友蔡羽、汤珍、王守、王宠等一行人游览无锡惠山，在惠山泉边饮茶聚会赋诗的情景。画中文士们置身于青山绿水间，或三两交流，或倚栏凝思，身旁茶桌、茶具一应俱全，风炉煮着水，侍童备着茶，一派悠然自得的神情。这幅山水间的文士茶会图，形象地展示了当时茶会的风格与特点。

图 1-4　《惠山茶会图》

（四）清代茶会

明清茶会

清朝是中国最后一个封建王朝，清朝的宫廷宴饮中推崇茶在酒前、茶在酒上的宫廷礼仪。

1. 主要特点

宫廷茶宴是清代茶宴的主要形式，茶在清朝宫廷中有着非常重要的地位。

2. 典型代表

清代茶会比较典型的有三清茶宴和千叟宴。

三清茶宴于每年正月初二至初十间择日举行，由皇帝钦点能作诗的大臣参加。三清茶宴的主要内容是饮茶作诗，每次举行前，宫内都会挑选宫廷时事为主题，群臣们边品饮香茗，边联句吟咏。史载，乾隆时期(1735—1795 年)，仅重华宫所办的三清茶宴就多达 43 次。重华宫原是乾隆皇帝登基之前的住所，他既好饮茶，又爱作诗，便首创在重华宫举行茶宴，旨在“示惠联情”。因茶宴自乾隆八年(1743 年)起便固定在重华宫举行，又称重华宫茶宴。乾隆帝规定茶宴不设酒，备三清茶。茶以松实、梅花、佛手三种，沃雪烹茶，故称三清茶。

清代吴振棫所撰的《养吉斋丛录》卷十三中记载了重华宫举行茶宴的详细情况：“列坐左厢，宴用果盒杯茗……初人数无定，大抵内直词臣居多。体裁亦古今并用，小序或有或无。后以时事命题，非长篇不能赅赡。自丙戌始定为七十二韵，二十八人分为八排，人得四名。每排冠以御制，又别有御制七律二章……题固预知，惟御制元韵，须要席前发下始知之。与宴仅十八人，寓‘登瀛学士’之意。诗成先后进览，不待汇呈。颁赏珍物，叩首祗谢，亲捧而出。赐物以小荷囊为最重，谢时悬之衣襟，昭恩宠也。余人在外和诗，不入宴。”这里记载的茶宴，除了享用“果盒杯茗”，一个很重要的环节是要和皇上的御制诗，虽然题目预先通知，但韵脚临时告知，很考验参加者的文学功力和即兴创作水平。

千叟宴始于康熙时期，盛于乾隆时期，是清朝宫廷中规模最大、与宴者最多的御宴。康熙皇帝为显示治国有方、太平盛世，并表示对老人的关怀与尊敬，于康熙五十二年(1713 年)举办第一次千叟宴，又在康熙六十一年(1722 年)举办第二次千叟宴。乾隆皇帝也举办了两次千叟宴。虽然千叟宴并非专门的茶宴，但是饮茶也是其中的一项重要内容。开宴时首先要“就位进茶”，席间酒菜人人皆有，唯独“赐茶”只有王公大臣才能享用，茶在这个场合象征了荣耀和地位。

随着时代的发展，茶会也在不断发展，折射出时代的变化与需求。作为一种社会文化的产物，茶会具有鲜明的社会功能：文人借茶会抒发文思或表明心志，僧侣借茶会以示修行，平民百姓借茶会增进情谊，以茶为主体的茶会联系着人和事，发挥其独有的社会交际功能，在推动社会发展和构建和谐社会方面发挥了积极作用。

茶会链接 1-2

千叟宴

实训项目

【目的】了解古代茶会的类型。

【资料】通过收集文献资料，了解古代不同类型的茶会。

【要求】整理古代茶会的典型案例，要求图文并茂，整理后在班级内分享。

知识拓展

古代茶会

古人曾以文会友、以诗会友、以酒会友，凡文雅物品，常可以之会友。茶饮盛行后，文人们又开始以茶会友。最早见于文字记载的茶会当数唐时的茶宴，如吕温《三月三日茶宴序》所记。但此茶宴乃是在传统的三月三日上巳修禊之饮时，以茶代酒而成，尚非专门正式的茶会。此外，钱起也有《与赵莒茶宴》诗记叙茶会。

《太平广记》记唐代奚陟为吏部侍郎时，曾“请同舍外郎就厅茶会，陟为主人”。但这个有二十多人的茶会却只有两只茶碗，使茶会的主人迟迟都喝不到茶，以致心情烦躁斥责下属。

五代时和凝曾组织汤社：“和凝在朝，率同列递日以茶相饮，味劣者有罚，号为汤社。”和凝组织这种茶会的真正目的完全在于饮茶、评茶，与后来的茶会也略有区别。

宋代的茶会，已经开始具有品饮茶汤之外的社会功能。如“太学生每路有茶会，轮日于讲堂集茶，无不毕至者，因以询问乡里消息”。这茶会有类于后来的同乡会，以茶会集，互相了解家乡的情况。

宋代官僚们经常“会茶”，以茶饮为由会集一起，诸多趣闻逸事，便在会茶时发生。如《道山清话》记曰：“馆中一日会茶，有一新进曰：‘退之诗太孟浪。’时贡父偶在座，厉声问曰：‘风约一池萍，谁诗也？’其人无语。”

在文人们聚集的茶会上，常常还会行茶令。南宋王十朋有诗云：“搜我肺肠茶著令”，并自注云：“余归，与诸友讲茶令。每会茶，指一物为题，各举故事，不通者罚。”

（资料来源：沈冬梅．茶与宋代社会生活[M]. 北京：中国社会科学出版社，2015.）

任务二　现代茶会活动

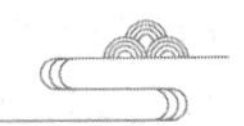

情景设置

“书读莫干山”茶会

一、茶会背景

又是一年辞旧岁，拿什么来送你，即将走完的一年？岁月就是人生旅程，所以我们想举办这样一场读书茶会——茶中见世界，书读莫干山。本期茶会邀请到《莫干山》一书的作者和朗读者，请各位老师和茶友们一起，雪日围炉，品茶读书，还生活一份静美，安宁。当然，为的还是一份期待：新年即将开始的美丽旅程——莫干山。

二、茶会目的

茶文化传播已成为本工作室的公益茶会品牌，影响日众。本次茶会，邀请到朗读者协会的三位朗读者、《莫干山》一书的三位作者与喜爱朗读者和莫干山的数十位茶友、多家媒体记者，围炉读书，品茶、听故事。在茶香中领略、感受我们生活中的湖山之美、心香之美……

三、茶会主题

书读莫干山。

四、茶会嘉宾

《莫干山》的作者、喜爱朗读者和莫干山的数十位茶友。

五、茶会时间

2019年1月20日(周日)下午2:30—4:30。

六、茶会地址

杭州市西湖区玉古路××号。

七、茶会流程

1. 迎宾

接待前来参加茶会的茶友。

2. 第一幕

茶品:莫干黄芽。

《莫干山》的作者解读。

3. 第二幕

(1) 茶艺表演。

(2) 专家诵读。

4. 第三幕

茶品:大红袍。

读者交流。

5. 合影留念

茶友合影,留作纪念。

任务提出:现代茶会已融入生活、工作、社交的方方面面,根据活动主题、参与者的不同,有着不同内容和形式。你参加过现代茶会吗?现代茶会与茶话会有什么不同?现代茶会的功能和特点是什么?现代茶会有哪些类型?

任务导入:收集现代茶会案例,分析总结茶会的功能,划分现代茶会的类型,并制作思维导图,加深记忆。

近些年来,随着文化自信的不断深入,传统文化受到广泛重视,茶文化得到大力发展和推广,茶会活动作为茶文化知识体系中的一部分,也在社会发展的各个领域不断发挥着重要作用。不论是小型的茶事雅集还是大型的茶文化推广活动,都对茶文化的传承和发展具有重要的推动作用。

一、现代茶会概念

随着社会的不断发展,茶文化日益普及。不同内容、形式、主题和参与者的茶会不断出现,人们对现代茶会概念的理解也变得宽泛。现代茶会是指一种基于古代文人雅集的风雅理念,以茶为载体融入各种文化元素的集会,也是交流信息、探讨学问、推广品牌等的集会。

现代茶会概念

提到茶会，很多人会想到茶话会。茶话会是指是以清茶或茶点招待客人的一种现代社交性集会，它以社交性聚会为主要目的，其活动现场氛围可以热闹非凡、欢声笑语。现代茶会则是以文化传承、文化交流为主要目的，通过茶品的品鉴，茶具、茶席、插花、空间氛围等的欣赏，感受传统文化、传播茶文化的集会，其现场氛围雅致、静谧，茶人们会静静地欣赏，轻声地交流，享受安静舒适的茶会气氛。

二、现代茶会功能

茶会作为社会化的活动，具有鲜明的功能性，主要包括文化传承、精神传播、品茗交流和品牌推广。

1. 文化传承

现代茶会最核心的功能是文化传承，即通过茶会的形式，传播和创新茶文化、传统文化。在现代社会，人们对文化的需求越来越迫切。茶会以茶为核心，连接其他中国优秀传统文化，具有文化传承的作用。

茶文化是中国传统文化中非常容易习得的一种文化，而且茶的包容性使一场茶会或者一场茶席中容纳了众多传统元素。例如，通过茶具的使用，可以了解古代陶瓷的历史；通过品饮，可以了解古代哲学；通过禅茶，可以了解古代的哲理。此外，茶与花艺、香道、书画、音乐、服饰都具有天然相亲性，这使文化型的茶会受到越来越多人的喜欢。

茶人可根据不同的文化主题和节日时间，选取不同的文化元素，以清雅闲适的风格呈现出来。四季茶会、二十四节气茶会、中秋茶会等，都是中国优秀传统文化传承的重要载体。

2. 精神传播

茶会虽然由多种形式组成，但始终不变的是其中茶的精神体现。现代茶会不仅是品鉴茶、欣赏传统表演，也是茶文化和传统文化的精神传递。通过茶人的解说、展演、习茶举止等传播茶文化的精神，让茶友们一起在品茶、习茶的过程中感受茶德精神，如茶人制茶、习茶、奉茶中传递的精行、俭德、廉美、和敬。茶会均由爱茶人士参与其中，不论是精通茶道的老茶者，还是初来乍到的新茶人，大家都可以围坐一圈，感受茶德精神，一起交流茶艺心得与感想，这使茶会成为茶德精神传播的一种手段。

3. 品茗交流

在传承古代茶会模式的基础上，现代茶会有了更具深度的发展，社交性功能日益凸显。茶会成为一种相当重要的媒介和平台，展现出一种“以茶为媒”的社交功能。现代茶会是爱茶人士一起品茗交流的重要媒介。通过定期的茶会交流，大家在一起泡茶、习茶中交流互动，可以交流茶知识、茶文化，也可以根据不同的主题交流人生感悟、读书体会、生活体验等，从而增加知识，增进情感。如案例“书读莫干山”茶会，就是为朗诵爱好者的组织的品茗交流茶会。

4. 品牌推广

近年来，茶会的商业功能也逐渐显露出来，占据着一定份额。现代茶企的销售渠道日渐多样，而根据自身茶品受众的需求来举办相关新茶推介会、品评会，也成为众多渠道中的一种。在此类茶会上，茶是活动的主角，茶企多会在活动中推出相对应的茶品介绍、茶艺表演

等内容，以加强来宾对茶的了解和认识。也有些企业会针对自己的客户来举办相应的答谢会，感谢客户对自己产品的支持，茶会就是其中非常重要的活动项目之一。不论是哪种形式、何种内容的茶会活动，茶会本身都只是媒介，企业借茶会向目标消费群推广企业品牌、产品形象，向员工传达公司对他们的关怀与爱，并由此达到巩固原有顾客品牌忠诚度，建立新客户的信任与忠诚，凝聚员工对公司的责任与热爱的目的，茶会活动的商业性社会功能得以产生并发展。

三、茶会活动特点

1. 体验至上

活动的本质之一在于体验，茶会活动也是如此，活动最根本的要素是体验而非结果。设计者通过在活动中增加高度关注、感官调动、情感触动、过程独特、时光转换、沉浸其中等元素，不仅让参与者体验，还能让参与者留下最难忘的回忆。因为体验加深了参与者对活动的认识，增强了参与者的喜悦和获得感。茶会活动通过让茶友们品鉴茶品、感知文化，加深茶友们对茶品、茶知识、茶文化的获得感。

2. 教育引导

活动强调的是体验，但体验除了为参与其中的人创造美好的的回忆，还应该让参与者有所改变，也就是通过活动达到教育的目的，让参与者从活动体验中获得知识或审美享受，改变他们一成不变的、固化的思维，改变他们曾经的生活方式，使他们的知识得到积累，心态变得更加积极向上。

3. 效益为先

一项活动往往要投入较大的资金、人员和物资，因此每一项茶会活动的组织都具有一定的目的性，主办方会考虑活动组织之后产生的效益。效益包括社会效益、环境效益和经济效益。不同的主办单位考虑的效益往往不同，以政府为主组织的茶会，通常注重的是茶文化的传播、推广效益；小型茶企举办的品鉴茶会通常考虑的是经济效益；雅集茶会通常注重的是文化的推广和传播效益。因此，科学设计、有效实施，在活动目的、手段和效果之间充分考虑投入产出比，提高效益性和经济性是茶会活动的重要需求。

茶会活动通过视觉、嗅觉、味觉等的互动让茶友们参与、体验，收获茶文化知识，了解茶的特性。在这个过程中传承中华茶文化，传播中华文化，是茶会活动组织最重要的意义。

四、现代茶会类型

随着茶事活动的发展，现代茶会也在不断发展和趋于成熟。根据活动主题、参与者的不同，现代茶会具有不同的内容和形式。一般情况下，可以按茶会的规模、组织形式、组织目的和举办国家进行分类。

现代茶会类型
（按规模分类）

（一）按规模分类

现代茶会按规模可以大致分为大型现代茶会、中型现代茶会和小型现代茶会。

1. 大型现代茶会

大型现代茶会一般有参与人数多、影响范围广、持续时间长、活动内容丰富等特点。大型现代茶会的影响范围可基于举办地扩散至周边区域，甚至影响全省、全国乃至全球，因此参与人数相对较多；大型现代茶会一般持续时间较长，如茶叶博览会、茶文化推广活动、茶相关赛事活动等，可能会持续3～5天。这些大型活动除固定的茶会开幕仪式外，还有丰富的茶会活动内容，如茶产地考察、茶文化学术研讨、商业合作洽谈、文化交流、茶艺切磋及各种联谊活动。例如，杭州每年举办的中国国际茶文化博览会、中华茶奥会等，吸引了国内外众多参与者汇聚一堂。随着时代发展，云茶会的举办时间可以更长，影响范围也可以更大，如2022年的松阳云上香茶节，持续时间达一个月以上，活动内容丰富。

2022年第十五届中国茶商大会·松阳云上香茶节“云端”启幕

2022年3月21日上午，丽水市政府新闻办召开新闻发布会，宣布3月26日—28日举办第十五届中国茶商大会·松阳云上香茶节。第十五届中国茶商大会·松阳云上香茶节以“松阳茶·香天下”为主题，于3月26日启动，部分活动持续到5月中下旬。

本届茶商大会由中国茶叶流通协会、中国国际茶文化研究会、中国茶叶学会、浙江省农业农村厅、浙江省农民合作经济组织联合会、丽水市人民政府主办，浙江省茶叶产业协会、中共松阳县委和松阳县人民政府共同承办。

连续十四年在松阳成功举办的中国茶商大会，已成为“中国茶事样板十佳”。2022年松阳云上香茶节在线上举行，期间安排“云”系列主题活动，同步策划四大特色活动，在网络“云端”跨越空间距离，架起分享桥梁，让更多的人了解松阳香茶，购买、品尝松阳香茶，爱上松阳香茶。相较往年，本次茶商大会的“云”元素更加丰富，节会活动更加注重让茶人当主力、品牌唱主角、文化穿主线。其中，3月26日举办的“云端春茶会”，通过多点位连线、多场景直播的形式，实现茶文化、茶产业、茶科技的多元化呈现。作为节会的重头戏，“松阳香茶”营销专场系列活动通过网络平台强强联手，邀请头部主播集中推广“松阳香茶”。

此外，其他特色活动中还有“茶十佳”评选和主题赛事，包括“十佳飘香茶山”“十佳种茶能手”“十佳市场商铺”“十佳采购大商”“十佳加工户”“十佳茶叶电商”“十佳茶艺师”“十佳评茶员”8类评选。以及“品味茶香·松阳印象”征文大赛、“松阳香茶杯”创意茶具设计大赛和“田园松阳·茶觉不同”创意短视频大赛。感兴趣的市民朋友可通过相关线上活动参与其中。

松阳是“百里乡村百里茶”的茶产业示范区，现有生态茶园15.3万亩，全产业链产值突破130亿元，三方共建的中国农业科学院茶叶研究所长三角创新中心落地松阳，校地合作的智能采茶机及茶叶生产全程机械化(智能化)项目正在研发攻坚，获得“‘十三五’全国茶业发展十强县”“中国十大最美茶乡”等二十多张金名片。

通过种茶、卖茶、饮茶，近五年，松阳全县农民收入年均增长10%以上。依托全国最大的绿茶交易市场——浙南茶叶市场，松阳还辐射带动周边10余个省市的1 000余万亩茶园，惠及茶农150余万人。松阳搭乘“互联网+”东风，大力发展直播电商经济，仅2021年就实现

茶叶网络零售额 26 亿元，同比增长 139%。松阳茶叶正成为推进乡村振兴、奔向共同富裕的“香饽饽”。

（资料来源：看松阳茶产业演绎百种风情　第十五届中国茶商大会·松阳云上香茶节“云端”启幕. https://cn.chinadaily.com.cn/a/202203/29/WS6242cf42a3101c3ee7acdf25.html.）

2. 中型现代茶会

中型现代茶会参与人数相对较多、影响范围相对较广，持续时间一般为 1～2 天，活动内容相对较多。中型现代茶会一般由政府或企业组织，影响范围主要以举办地所在的市域范围为主，参与人数相对大型茶会活动较少，一般以户外茶会为主，活动内容相对丰富，主办方可在茶会结束后，分小组组织与会者开展踏青、爬山等休闲娱乐活动，也可将茶会安排在傍晚，游玩一天后，借着月色喝上一杯茶，不失风雅情趣。例如，杭州市每年谷雨节气都会举办的清河坊民间茶会，便属于中型现代茶会。

3. 小型现代茶会

小型现代茶会的规模较小，一般半天时间内完成。这类茶会一般主题性很强，是为某一件事情、某一个活动或某一个团体举办的茶会。茶会参与者的类型也相近，通常具有相同兴趣爱好或相似的社会背景，具有更加明确的群体特征。这类茶会一般组织形式相对精致，通过环境氛围的营造、茶席的设置、活动内容的设置凸显茶文化的魅力。图 1-5 所示的杭州市上城区茶文化研究会组织的有美茶宴，便是非常雅致的小型茶会。

图 1-5　有美茶宴

现代茶会类型
（按组织形式分类）

（二）按组织形式分类

现代茶会按组织形式分类，可以分为茶席式茶会、流觞式茶会、礼仪式茶会、环列式茶会。

1. 茶席式茶会

茶席式茶会是以席入会，一席一桌，以桌为席，可以在室内、庭院或户外席地设置茶席。

由一位茶艺师招待安排入桌的饮者,茶艺师不离席奉茶。茶席式茶会又分为品格席茶会和流水席茶会。

(1) 品格席茶会

品格席茶会的主要特点是茶艺师不离席奉茶,宾客就位后基本不走动。这类茶会使用长方桌较多,方桌比较方便布置茶席、奉茶和安排宾客。多个茶席设置使茶会形成了错落有致的格块状,茶人们在不同的方格里品茶,因此以品格席命名,如图 1-6 所示。

品格席茶会一般是主题茶会,会有一个主舞台,主题活动内容就在舞台上进行,所有的茶艺师都背对舞台,宾客坐在茶艺师的对面或侧面。主题茶会若有一段演绎时间,品格席就会准备 3～5 款不同种类的茶来招待客人,并配以不同的茶点,要保证每人都能完美地品尝到每一道茶。舞台上除了主人说明主题外,还会安排一些与茶文化气氛相近的艺术形式和艺术内容,如主题茶艺、古典器乐、经典戏曲、吟诗泼墨等表演。

图 1-6　品格席茶会

(2) 流水席茶会

流水席茶会的茶席是固定的,奉茶时茶艺师不离席,茶艺师本身就是茶席之美的构成,而宾客可以走动。宾客在任何一个茶席前都可以品尝到茶艺师即时奉上的茶,犹如一道流水绕行在各个茶席之间,故称为流水席茶会。

流水席茶会的举办有室外和室内两种类型,以室外的茶会更为经典。

室外的流水席茶会,一般选择在风景宜人的公园、广场、庭院等离市民的生活稍近的公共场所。地点的选择要符合两个因素:一是尽可能满足茶席设计对环境的要求,竹、树荫、远山、桥、廊等都是茶艺师偏爱的饮茶环境元素;二是实现茶会要能够被大众关注和分享的目的,一般在交通较便利、人流较聚集的地方举办茶会,以保证参与者的人数。图 1-7 所示为茶文化学子在室外举办的全民饮茶日流水席茶会。

室内也可以举办流水席茶会,比起室外的活动,有其特点:第一,规模会小很多,受到室内场地的限制,茶席与自然界呼应的情感因素也会降低一些;第二,具有特定的主题。

2. 流觞式茶会

流觞式茶会由古代曲水流觞的茶会形式演变而来,一般选择在风景宜人的庭院、林园或

山野，利用现有的水道，或引进一条坡度不大的水渠举行。茶会选在水流速度不急、水面与岸边的高度差距不大的地方，水道上下游有相对宽阔且平坦的空间便于备茶。图 1-8 为茶文化学子在径山脚下举办的流觞式茶会。

图 1-7 全民饮茶日流水席茶会

图 1-8 流觞式茶会

茶艺师集中于上游泡茶，与会人员可以自由选择落座两岸任意地方，也可由主办单位事先备好标示，抽签决定座位。茶艺师将泡好的茶以茶盅盛放，置于可以漂浮水面的小船（羽觞）上，茶友们可以取上游漂下来的茶进行品茗。从羽觞上取茶盅倒茶，每次以一杯为度，还想再喝就等下一批到来。主办单位也可安排一些助兴节目，邀请表演者或与会人员表演，如挥毫、朗诵、吟诗、演奏乐器等。

节制地享用饮料、食品，处处为他人着想，是流觞式茶会的精神所在。流觞式茶会是一种新颖的品茗形式，既有趣又风雅。

3. 礼仪式茶会

礼仪式茶会有较严谨的仪式，通常用来表达特定的意义，其中的典型代表有四序茶会。

四序茶会是用来表达四季运转自然规律与变化的茶会，有非常严谨的礼仪程序。它由中国台湾地区的林易山先生于1990年创立，用于推广茶道艺术与礼仪，是一种群体修行的茶会。茶会的茶席注重表现大自然的韵律、秩序、生机，培养茶人敬天地、爱护大自然以及与大自然同在的决心。四序茶会的会场内，挂有烘托茶会主题精神的茶挂。茶席的布置为正四方形，茶桌和正中央的花香案铺青、赤、白、黑、黄五色桌巾，代表春、夏、秋、冬四个季节，这象征着四序迁流、五行变易；正四方形茶桌后面设有24把座椅，象征着24个节气。图1-9为茶文化学子举办的四序茶会。

图 1-9　四序茶会

四序茶会的程序如下：茶会开始前，司香、司茶于入口迎宾，随着缓缓的乐曲（演奏或播放乐曲），主人引茶友入席就座；司香入席，立于花香案前，行香礼，退席；司茶四人捧插花入席（四位司茶手捧的插花代表春、夏、秋、冬四季），就位，立于茶席后，行花礼，就座，沏茶；司茶依次奉第一道茶、第二道茶、第三道茶、第四道茶；司茶收回茶友茶杯、茶托；司香入席行香礼，退席；司茶入席行花礼，退席；司香、司茶列队恭送主人、茶友离席；乐止。人们在这样一个宁静、舒适的茶空间，通过茶艺、茶道、茶礼的熏陶，将自己完全融入大自然的韵律、秩序和生机之中，既品出了茶的真趣味，又得到了彻底的放松。

4. 环列式茶会

环列式茶会主要是指大家围成圈泡茶的形式，典型代表是无我茶会。无我茶会是由中国台湾地区的蔡荣章先生在1989年创办的一种大众饮茶形式，是一种爱茶人皆可报名参加的茶会形式。这种茶会不区分参加者的地位、身份，不讲究所用茶具的贵贱，不问所泡茶叶的优劣，人人泡茶，人人品茶，一味同心。

组织无我茶会的关键要素是围成一圈，人人泡茶，人人奉茶，人人喝茶；参加茶会者自备茶具、茶叶与泡茶用水，抽签决定座位，事先约定泡茶杯数、次数、奉茶方法，并排定茶会流程；参加茶会者依同一方向奉茶，席间止语。

无我茶会通过抽签决定座位，彰显平等之心；通过依同一方向奉茶这种“无所为而为”的奉茶方式，提醒大家“放淡报偿之心”；通过自备茶叶和茶具，让大家接纳、欣赏各种茶，不要有好恶之心；通过努力把茶泡好，告诉大家要有精进之心；茶会无须指挥和司仪，需要大家遵守公共约定；茶会席间不语，培养茶友们的默契，展现群体律动之美。图 1-10 为浙江旅游职业学院茶文化学子举办的无我茶会。

茶会链接 1-3

无我茶会

图 1-10　无我茶会

（三）按组织目的分类

现代茶会按组织目的可分为很多形式，如雅集茶会、品鉴茶会、茶博览会、茶产业推广茶会、斗茶会、奉茶会、禅茶会、茶歇式茶会以及其他不同主题的茶会。

现代茶会类型

（按组织目的分类）

1. 雅集茶会

雅集茶会是现代文人、雅士、爱茶人士学习古人的一种集会形式。中国文人历来崇尚风雅。凡清平盛世，便是文人雅士们以各种名目进行游山玩水、诗酒唱和、书画谴兴和文艺品鉴的时候，其形式更是多种多样，吟诗、观海、听涛、垂钓、作画、抱琴、挂画、焚香、瓶供、品茗等，这种聚会被后人称为雅集。

现代也有很多文人、雅士、爱茶人士会以茶会为媒介，组织各种雅集聚会，雅集茶会以茶为主线，将诗、画、香、琴、花等结合在一起，品鉴佳茗、诗作、书画、传统香道、插花、乐器表演等。有些雅集十分注重内容和形式，会通过一系列茶席设计作品来渲染现场气氛，并通过作品的动态演示，使人们身临其中，通过参与、观察和联想，融入茶会所设定的文化氛围和艺术空间，实现茶文化的展示、交流和传播。图 1-11 为杭州素业茶院的雅集茶会。

图 1-11　雅集茶会

2. 品鉴茶会

品鉴茶会是茶企或组织、机构为了推广自己企业的新茶，组织爱茶人士、茶叶经营者等进行品鉴的一种茶会形式。这类茶会以茶品的品鉴为主，组织者将不同茶品介绍给茶友们欣赏、品鉴，并进行讲解等，让茶友们对茶有更深刻的印象和感知。图 1-12 为绍兴市上虞区举办觉农・翠茗品鉴会的宣传图。

图 1-12　觉农・翠茗品鉴会的宣传图

3. 茶博览会

茶博览会一般是以政府牵头，由行业协会共同组织的大型茶会活动，通过集合茶叶生产商、经销商、茶具配套商等，为茶叶爱好者、茶企业经营者提供最佳的交流和贸易平台。当前国内各大城市都会组织茶博览会，为本地的茶叶、茶文化互动提供平台。图 1-13 为第四届中国国际茶叶博览会茶产业成就展。

图 1-13　第四届中国国际茶叶博览会茶产业成就展

4. 茶产业推广茶会

茶产业推广茶会是以产茶地政府牵头，为当地茶、茶文化、茶产业进行宣传推广的茶会活动。如2021杭州茶文化博览会暨西湖龙井开茶节在龙坞茶镇举办；2020年丽水市松阳县举办以“松阳茶·香天下”为主题第十五届中国茶商大会·松阳云上香茶节，图1-14为其宣传海报。

图1-14　第十五届中国茶商大会·松阳云上香茶节宣传海报

5. 斗茶会

斗茶会是品鉴和审评茶的优劣的一种比赛形式。历史上的斗茶活动起源于唐代，在每年新茶进贡之前，名流大家对新茶进行斗新，上品作为贡茶。至宋代，斗茶活动十分盛行，产生了许多与斗茶相关的活动，如茗战、茶百戏、水丹青、咬盏、绣茶等。当时的宋人从官人、雅士到普通百姓，对斗茶会的活动都有高度热情。斗茶会最大限度地赋予茶生命力，有助于追求泡茶的技艺，提高茶汤的观赏价值，丰富社会娱乐活动，满足精神上的享受。

现代茶界斗茶的形式更加多样，有仿宋斗茶、斗沏泡茶能力、斗鉴别茶汤能力、斗茶品、斗茶汤对茶样等。如武林斗茶大会，自2011年举办至今，已经成为国际斗茶盛会。斗茶活动可以促进茶人之间的交流，提升茶人对优质茶品的认识，提升茶人品评茶的能力。图1-15为第三届武林斗茶大会暨首届南宋斗茶大会现场。

6. 奉茶会

奉茶会最典型的特征是茶艺师离席奉茶，是面向大众或特定人群的茶会。奉茶会分两种类型，一种是主题奉茶会，另一种是日常奉茶会。

主题奉茶会是茶人为了某个与茶相关的主题聚集到一起，如敬老、敬师、感恩等主题的奉茶活动。参与泡茶的茶艺人员和接受茶品的人员都是相对特定的人群。如浙江省茶叶学会每年都举办敬老茶会，这种近千人参与的大型茶会，深受广大茶人的欢迎，可谓当今极具影响力的亲民奉茶会。又如“2018‘丽水香茶’浙江省敬老茶会”在杭州茶都名园圆满举行，来自浙江全省各地茶界知名老专家、老茶人、老领导们奉茶，齐聚一堂，欢叙茶情，共传茶德，来自浙江大学、浙江树人学院、浙江旅游职业学院、浙江职业经贸技术学院高校师生代表展示了精彩的茶艺表演，为老前辈们奉茶。图 1-16 为来自浙江旅游职业学院的茶文化学子表演《芳华》。

图 1-15　第三届武林斗茶大会暨首届南宋斗茶大会

图 1-16　茶文化学子表演《芳华》

日常奉茶会的特点是具有最朴实的茶艺情感，茶艺师们选择宽敞的大厅、广场，设立若干茶席，主动走向市民奉上认真沏泡的茶汤，带给社会大众如茶汤般的温馨与友好。日常奉茶会一般选择宽敞的大厅、人流密集的广场、校园等进行，这就意味着观众能从任何一个角度观察茶席，因此对茶席、茶艺具有特定的要求。首先，茶席要有美感，能让人关注到奉茶会之美并进入茶会的氛围；其次，茶艺技法要娴熟，让观众能欣然且踊跃地接受一杯完美的茶汤；再次，奉茶要恭敬，茶艺终究还是一场礼法的教育，礼节在任何场合都是茶艺师极力去实践，带给人感动的重要因素。

7. 禅茶会

禅茶会是将茶与禅密切联系起来的茶会，茶会的举办和参与者部分是寺院僧人，举办地点在寺庙。具有代表性的禅茶会有云林茶会，它是唐代兴起的文人雅集茶会的延续和发展，是讲究主客之茶与禅的心灵互通，感悟平凡人生真谛，弘扬茶文化和谐圆满的茶会。

8. 茶歇式茶会

在很多现代会议活动中，都会有中间休息的环节，茶歇式茶会是以会间休息、气氛调节为目的而设置的茶会。茶歇式茶会的形式可根据主办方的要求而进行调整，有的简易，有的精致典雅。在一些国际活动中，茶歇式茶会是传播中华文化的重要载体，如在2016中国杭州G20峰会期间的B20茶歇活动中，组织者以茶相待世界来宾，在传承历史的基础上，让世界人民重新认识中国茶，认识中国茶文化，架起一座中外人民文化交流的桥梁。

（四）按举办国家分类

中国是茶的发源地，茶会同样起源于此。随着制茶、饮茶的对外传播，茶会活动也随之在各个国家陆续开展。其中，日本、韩国和英国的茶会活动独具风格，可与中国并称当今世界茶会发展繁荣的四大国。

现代茶会类型
（按举办国家分类）

1. 日本茶会

日本对茶会记录非常重视，而且保存得相当完好。日本的茶会记录主要分为两种，一种是主人所作的“自会记”，另一种是被招待的客人所作的“他会记”。其中，最著名的是在茶道风气鼎盛的桃山时代的“四大茶会记”，包括《松屋会记》《天王寺屋会记》《今井宗久茶汤书拔》和《宗湛日记》，它们记载了当时的茶会活动，对后人研究日本茶会发展史起到了不可替代的作用。

日本现代茶会传承“和敬清寂”的茶道精神，具有相当烦琐的礼仪和规程，力求整个茶会在茶器、环境、礼仪上达到完美。日本茶会非常讲究品茶场所，多在合乎规矩、环境清幽的茶室中举行，并配以精心设计的花艺、香道，让宾客在品茗之余，也可欣赏庭院、茶室内精致的景致。参与茶会的主客，均由精于习茶之人组成，茶会内容也多是切磋习茶的技艺、感受习茶的美妙。在茶会进行过程中，主客都需严格遵守茶会礼节，从着装、入席，到备茶、习茶、品茶，再到赞赏茶具、感谢招待等，茶会流程的每一个细微动作，都讲究分毫不差。

2. 韩国茶会

韩国不是茶的原产地，茶是从外国传入的，但具体从哪国传入，在韩国有两派不同的意见，分别是中国传入说和印度传入说，但可以肯定的是，韩国茶全盛于高丽时代，再兴于19世纪的朝鲜时代。

韩国茶道史上第一次的茶会，记载于高丽茶人李奎报的《南行月日记》，相传是圣僧元晓大师结庐于今全罗北道扶安县边山险阻的崖上举行的。随着茶饮的流行，各色茶会也时常举办。但在1910年朝鲜半岛沦为日本的殖民地后，日本人占据了朝鲜半岛的茶产业，并实施同化教育，普及日本式茶道，当地传统茶道、茶会近乎消亡，直到第二次世界大战后韩国独立，国内的日式茶室才逐渐改为韩式，韩国现代茶道才得以发展，现代茶会才得以延续。

韩国现代茶会根据主题的不同，会有不一样的行茶法和茶礼，但韩国茶礼与日本茶道在一些流程上仍有一定相似度,茶会也依旧遵循了原有日式茶道严谨的茶会礼仪和烦琐的习茶规程,茶会过程较为严肃刻板。

3. 英国茶会

英国人虽然早在1615年就知道有茶这样的饮料,且在1657年之前就有茶饮料的销售,但均是以桶装如麦酒的方式供男士们饮用,并无特别的饮茶礼仪和茶会活动。到了1662年,查理二世的皇后葡萄牙公主卡塔里娜将饮茶带入宫廷后,英国的饮茶礼仪和习惯才开始形成,这也是英国妇女饮茶和下午茶的开始。

英国有名目繁多的茶宴(tea-party)、花园茶会(tea in garden)以及周末郊游的野餐茶会(picnic-tea)。红茶成为全国性饮料后,下午茶这一饮茶习惯就成为英国茶文化最具代表性的日常活动。下午茶可谓女主人的领域,下午四点钟左右,女主人就会把家中珍藏的茶具取出,铺上美丽的桌巾,放上蛋糕等小点心,悠闲地品着香醇的奶茶。到了19世纪,下午茶已经成为人们社会生活的重要部分,如一首英国民谣唱道:"当时钟敲响四下时,世上的一切瞬间为茶而停。"从左邻右舍主妇们联谊的下午茶,到招待亲朋好友的茶会,都会选择下午茶的这一时段,下午茶或茶会进而成为英国人结交朋友的重要途径之一。

现代英国人依然保留着下午茶和茶会的习惯。茶会举行的时段,除了下午茶的时间外,也会在下午六时之后举行。从二三人到七八人,有时也有类似大宴会的几百位宾客参与的正式茶会,地点除了在家里,也可以另择场地举行。

实训项目

【目的】掌握现代茶会的概念、功能和特点,明晰现代茶会的类型。

【资料】通过收集文献资料,了解现代茶会的类型。

【要求】用思维导图分析现代茶会的类型,并标注相应的关键词。

知识拓展

茶会礼仪

著有《茶谱》的明皇子朱权(1378—1448年),为避皇帝的猜忌,在家里埋头研究冷门学问,如医卜星历、琴谱剧本。关于茶事他曾写道:"命一童子设香案携茶炉于前,一童子出茶具,以瓢汲清泉注于瓶而炊之。然后碾茶为末,置于磨令细,以罗罗之。候汤将如蟹眼,量客众寡,投数匕入于巨瓯。候茶出相宜,以茶筅摔令沫不浮,乃有云头雨脚。分子啜瓯,置之竹架,童子捧献于前。"主起,举瓯奉客曰:"为君以泻清臆。"客起接,举瓯曰:"非此不足以破孤闷。乃复坐。饮毕,童子接瓯而退"。主客品茶一瓯后,话久情长,礼陈再三,遂出琴棋。这段文字描述的是一套很完整的茶会礼仪。

(资料来源:范纬.茶会流香:图说中国茶文化[M].北京:文物出版社,2019.)

项目二 活动策划与管理基础

※ 掌握活动策划的概念、特征及流程。

※ 掌握活动策划的原则与方法，选择适当的策划原则与方法策划本小组活动。

※ 学习活动策划理论和知识，培养发散思维能力和创新能力。

※ 学习活动策划方法，培养团队协作意识和能力。

※ 学习活动管理方法，树立活动策划与执行的职业理念。

任务一　活动策划基础

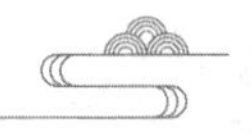

情境设置

第十三届中国（北京）国际茶业及茶艺博览会

一、活动背景及目的

从2011年的4 000平方米增长到2020年的26 000平方米，10年的积淀，北京茶博会已成长为国内极具影响力的春茶盛会，素有“北方春茶必看展”“中国春茶晴雨表”之称。此次茶博会，组委会深挖“老北京”文化底蕴，唤醒年轻一代的爱茶热情，充分发挥年轻群体的个性，旨在打造集传统与创新于一体的北京茶博会，造福茶行业！

二、活动主题

本届展会围绕“春”主题，从“北京”这一地域出发，设立了“春茶香透老北京”主题地域文化活动日、“世说新饮”时间概念实验室；以国际视野为核心的文化探讨交流活动、官方论坛；以国风文化、汉服为代表的“与子同袍·茗动天下”汉服春日游园会、满纸茶香今何在——首届寻找“红楼梦中茶”大型文化活动；以风味茶探索为核心的好奇妙日、国际风味茶拼配互动体验小课堂。

三、活动简介

(1) 活动主题：茶润春色·万象更新。

(2) 活动时间：2021年4月23—26日。

(3) 活动地点：全国农业展览馆1、3、11号馆。

(4) 活动面积：26 000平方米，1 300个标准展。

(5) 主办单位：中国农业国际合作促进会。

(6) 承办单位：中国农业国际合作促进会茶产业委员会。

四、系列活动

(1)“向世界讲好中国茶故事”系列活动——大叶种红茶国际论坛。

(2) 第一届“文化寻根·北京茶事记忆”主题文化市集暨“舌尖上的京味·中国的茉莉花”老北京文化体验日。

(3)“与子同袍·茗动天下”——汉服春日游园会。

(4)“满纸茶香今何在”——首届寻找“红楼梦中茶”大型文化活动。

(5) 好奇妙日——国际风味茶拼配互动体验小课堂。

(6) 最宠观众——宝藏茶品积分大拍卖活动。

(7) 二十四节气雅集。

……

任务提出:案例展现的活动方案包含内容丰富。结合案例,思考如何进行一场活动策划,以及要策划和组织一场活动需要哪些步骤,每一步骤需要完成的工作有哪些。

任务导入:理解活动策划的概念和特征,掌握活动策划的流程。

一、策划概述

要想成功地举办一场活动,并达到预期的效果,必须做好充足的准备。预则立,不预则废,任何事情都要进行预先计划、事先谋划。这种预先计划、事先谋划就是策划,活动需要策划才能达到预想的效果。

1. 策划的概念

中国古代军事策略非常注重“运筹于帷幄之中,决胜于千里之外”,可见预先计划、事先谋划的重要性。策划是策略和谋划,是为了达到一定的目标,在调查、分析有关材料的基础上,遵循一定的程序,对未来的某项工作或事件事先进行系统、全面地构思、谋划,制订和选择合理可行的执行方案,并根据目标要求和环境变化对方案进行修改、调整的一种创造性的社会活动过程。

2. 策划的内涵

(1) 策划是一种创造性的思维方式

策划是一种运用脑力的理性行为,是为了达成目标而提前设想及创造的思维过程,其精妙之处在于不同思维方式的运用。

策划的本质是思维科学,它不是一种突然的想法,或者突发奇想的方法,它是人们在调查总结的基础上,进行科学预测和筹划,为了达到一定目的而创造性地运用客观规律的思维过程,是用辩证的、动态的、发散的思维来整合行为主体的各类显性资源和隐性资源,使其达到最大效益的一门科学。

策划不同于计划,策划是一种创新性的思维方式,只有创意的策划才是真正的策划。活动策划一定要敢于做别人没有做过的事情,通过全新的理念和思路产生好的创意谋划,吸引目标消费者的兴趣,引起社会反响,达到有效传达的目的,使效益最大化。

(2) 策划是一个系统工程

系统是同类事物按一定的关系组成的整体。按照系统论的观点,活动策划就是围绕活动的目的,按照事物变化的逻辑关系组成的一个整体。活动策划需要进行项目立项,调研分析,主题或目标定位,策划创意与筛选,策划方案编制、修订、论证,策划方案实施,策划成果评估和反馈，是一个系统化的过程，所有过程都是围绕活动目的进行的。

二、活动策划概述

活动策划概述

1. 活动策划的概念

在策划概念的基础上，活动策划则是为了实现最佳的活动效果，在调研、分析相关资料基础上，遵循一定的方法和程序，对活动进行系统、全面地构思、谋划，制订和选择合理的执行方案，并根据目标要求和环境变化对方案进行修改、调整的一种创造性的过程。

2. 活动策划的特征

（1）清晰的背景

活动策划是在调查分析基础上进行的科学预测和筹划。在活动策划需求提出后，要对活动主题相关市场有充分的了解，包括相关主题活动的举办历史、活动所涉及的文化内涵与底蕴、相关主题的行业发展现状和未来发展趋势。同时，还要了解活动目标客户的心理与需求，了解相关活动举办的竞争对手的活动发展、现状和趋势等，使策划更具有针对性。例如，第十三届中国（北京）国际茶业及茶艺博览会是在北京茶博会发展10年的基础上，围绕老北京文化和年轻人的喝茶习惯，打造的一场茶界博览会。

（2）鲜明的目的

任何策划都具有鲜明的目的性，都是基于目标实现的过程性设计。目标是活动策划的核心，是策划细节的中心，一定要明确、清晰，并且是通过努力能达到的。如现在很多地区举办大型的茶会活动，以推广茶文化和当地茶产品为主要目的；茶企举办的小型品鉴茶会，以企业新品茶销售为主要目的；也有一些企业举办的雅集茶会，以传播茶文化、文化交流、会朋交友为主要目的。茶会的目的不同，所运用的资源、能量和信息也是不一样的。例如，第十三届中国（北京）国际茶业及茶艺博览会的目的是推广老北京的传统文化，唤醒年轻一代的爱茶热情，充分发挥年轻群体的个性，打造集传统与创新于一体的北京茶博会，造福茶行业。

（3）新颖的主题

策划是一个创造性的过程，是人们思维智慧的结晶，新颖性、创造性是策划的精髓。简单地讲，活动策划创新的思路可以有两类：有中生新和无中生有。前者属于组合创新，后者属于原创。活动策划时需要发挥策划人员的积极性、主动性，只有新颖的、具有创造性的活动才会引起更多的关注。

（4）系统的方法

有效的方法可以让活动策划和执行事半功倍。活动策划方法要系统，考虑问题要全面，整体思路要具有内在逻辑性和必然性。活动策划强调在市场研究后，确保每一条应对措施的实用性及整体的完备性，以规避不确定性或者风险。

（5）流畅地执行

活动策划最终都要付诸实施，可操作性的最高境界就是流畅性。整个策划案在操作时应保持高度的连续性、效率性，一切都在预定的范围内、在可控的过程中进行，并考虑意外因素的影响而备有应急方案。执行的流畅性也考验执行者的应变能力，要求执行者在遇到非可控因素时能迅速化解危机，保证活动的顺利进行。

以上五大特征具有内在联系，各特征之间相辅相成，构成了一个有机的整体。

三、活动策划的流程

活动策划是一项系统性的工作，是遵照活动的规律，按照一定的科学合理的流程开展的策划。活动策划首先要明确先做什么，后做什么，按照一定的步骤、章法去思考问题，并且要符合事物发展的客观规律。一般而言，可将活动策划的基本流程分为立项、策划、筹备、实施和评估。

活动策划的流程

1. 立项

立项是决定做一个茶会，谁来一起做这个茶会，如何把本次茶会做得具有新意。一般大型活动立项之前都需要先调研，进行活动的可行性分析，如果分析活动可行，则活动执行，如果活动不可行，则可能不举办活动或更换活动主题、活动时间等。

活动策划在立项过程中的调研和可行性分析十分重要。以政府为主的大型活动主要是调研活动相关的资源基础、活动行业发展、客源市场需求、活动当地经济基础和社会环境、活动竞争状态等。以企业为主举办的小型茶会活动可以集中调研茶品牌文化、传统文化资源、客户需求等。

可通过收集有关活动的各种资料进行调研，包括文字、图片以及录像等活动资料。对收集的资料要分类编排，集结归档，进行可行性研究。最终形成结论活动可行，并立项执行。

2. 策划

活动立项之后，就开启策划阶段。活动主题是活动策划的核心，所有项目设计、营销和组织实施都要围绕主题进行，活动主题的策划是活动策划的重要内容。活动项目是活动的精髓，需要策划围绕活动主题开展哪些活动。活动营销是将活动推广出去，可以分为三个阶段：前期推广、中期爆发高潮和后期延续。

3. 筹备

活动策划的筹备主要包括活动组织和方案编写。

活动组织主要是指活动的人员安排、物资准备、费用预算等，需要任务分工明确，物料准备详尽，费用核算清晰。

方案编写是在所有的主题、项目等策划完成后，把内容总结整理成统一的文本方案，方案可以分为简易方案和详细方案，简易方案主要用于外部推广宣传，详细方案主要用于内部执行，详细方案应包含详细的人员分工任务表、物料准备表、活动进度表和活动流程表，这些都是活动组织实施中的必要方案。

4. 实施

筹备之后就进入活动实施阶段，活动实施中最关键的是安全性、有序性、效益性和品质性。活动组织实施过程中的安全管理包括公共安全、消防安全、设施安全等。保障现场的安全需要做好现场的人流组织管理和接待与时间管理等。

5. 评估

活动评估就是观察、衡量和监控活动的执行情况，以便精确评定其成果的过程。通过对整个活动开展评估，可以找出活动开展过程中的不足，为今后类似活动的开展积累经验，以求完善。

实训项目

【目的】理解活动策划的概念和特征，掌握活动策划的流程。

【资料】茶会活动策划的流程。

【要求】用思维导图分析现代茶会策划的流程，并标注相应的关键词。

知识拓展

活动行业标准简介：ISO 20121（活动可持续管理体系）

2012年，国际标准化组织发布了由ISO/PC 250活动可持续性管理项目委员会制定的新标准ISO 20121:2012《活动可持续性管理体系——要求及使用指南》。标准旨在支持举办各种类型活动的组织机构进行可持续性管理，适用于对公共赛事（如奥运会）、各类展览、演出及庆典等活动的管理。我国等同采用该国际标准，并将其转化为国家标准GB/T 31598—2015《大型活动可持续性管理体系 要求及使用指南》，该标准已于2015年6月2日正式发布，自2016年1月1日起正式实施。

该标准为任何种类的活动或与活动有关的行动确定了活动可持续管理体系要求，并为这些要求提供了指南。该标准适用于所有希望建立、实施、保持和改进活动可持续性管理体系的组织，也可用于第三方认证。

管理体系标准要求组织改进过程和思维，进而持续改进绩效，并赋予组织灵活性，在不偏离活动目标的前提下，以创新方式开展与活动相关的工作。组织可灵活应用这一标准：对于尚未正式引入可持续发展理念的组织来说，可以以应用本标准为起点，建立一套活动可持续性管理体系；对于已有管理体系的组织来说，可将本标准的要求融入现有体系之中。随着时间的推移，所有组织均能从持续改进的过程中获益。

任务二 活动策划与管理理论

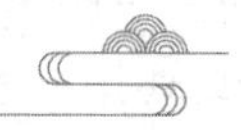

情境设置

端午茶香——茶文化“四进”活动

一、活动背景

茶文化“四进”活动是围绕“弘扬中华茶文化，振兴中国茶产业”的远大目标而进行的，旨在向社会普及茶文化茶知识，扩大茶消费的茶文化系统推广工程。“端午茶香”是根据这项茶文化进机关、进企业、进学校、进社区“四进”活动要求，积极探索、创新茶文化“四进”活动新途径，结合各类主题性节日举办茶会的茶文化活动。

二、活动目的与意义

弘扬中国传统节日的文化内涵，通过茶会活动促进传统文化的广泛传播。

三、活动简介

(1) 活动主题:端午雅集,茶香四艺。

(2) 活动时间:2022 年 5 月 5 日 18:00—20:00。

(3) 活动地点:上城区尚青书院庭院。

(4) 举办单位:杭州市上城区茶文化研究会等。

(5) 活动参与:35 位爱茶人士。

四、活动流程

(1) 第一幕(红茶)三艺同台。

(2) 第二幕(大红袍)诗朗诵、书画创作、香道表演。

(3) 第三幕(老白茶)鸣谢、互动。

……

任务提出:由案例可知,一个活动策划要有清晰的主题背景、具有吸引力的创意和互动的活动项目。策划的依据和经验可称为活动策划的原则,那么策划一场活动有哪些原则?活动策划时可以遵循的方法有哪些?在活动执行过程中有哪些管理技巧和方法?

任务导入:掌握活动策划的原则和方法,为小组茶会活动策划做准备。

一、活动策划的原则

活动策划的原则

1. 新颖性原则

策划必须有创造力,让人耳目一新,甚至是形成出其不意的效果。活动策划的新颖性主要体现在主题理念的创新、活动项目的创新、活动各个环节的创新以及服务创新等。只有保证活动策划的新颖性,才能吸引参与者,达到较好的传播效果。如杭州青藤茶馆的七夕茶会,将茶与传统节日结合,在活动项目设计时创新性地引入季节性的元素——荷花和莲蓬,在荷花瓣上写字,在莲蓬上穿针,如图 2-1 所示。

图 2-1 在荷花瓣上写字

2. 客观性原则

客观性原则要求策划者实事求是，对策划主题进行深入、客观、全面的调查，并在客观真实的材料基础上构思，提高策划的准确性。在实施方案前，必须细致审视，周密策划，进行可行性分析。

茶会链接 2-1
“青藤七夕 乞巧闯关”
活动案例

3. 整体联动原则

活动策划应立足全局，各要素之间应当相互协调，彼此联系，环环相扣，承上启下，既有阶段性，又有连续性。策划方案要做到规范、完整、周密。活动策划的整体联动是指执行一次活动策划产生的是整体的效果，在整个过程中会有连带影响。联动效应大小、连动面及连动持续的时间是评价活动策划的联动效应的三个主要指标。

4. 时效性原则

活动策划的时效性主要包括三个方面：首先，策划者要在有效的时间内，完成并实施策划方案；其次，策划者要在最佳的时间内实施策划方案，尤其是核心部分的内容；最后，策划者必须用发展的眼光看策划，活动策划中，初创期侧重产品的基本信息的宣传，发展期侧重产品的差异比较，成熟期侧重品牌的建设和维护，衰退期则注重对活动策划本身评估和总结。

5. 可行性原则

活动策划需要遵循可行性原则，也就是说，要从实际情况出发，按照一定的程序，制订出最佳方案。方案中的经济指标必须符合活动参与者的消费能力和市场的消费水平，方案的实施途径也必须切实可行。活动策划的活动内容和形式必须既具有前瞻性和吸引力，又不脱离实际，具有可操作性。活动策划是综合性的活动，是对资源的整合，涉及的范围非常广泛。任何一项策划，作为一种想法，开始只留在头脑中，作为创意，只是一种设想或文字的组合，都是未经实践检验的。这样的想法在现实中可能顺利实现，也可能遇到不可克服的困难。因此，活动策划考虑最多的便是想法的可行性，即实践才是检验想法的唯一标准。

6. 参与性原则

现代人们希望活动中包含有吸引力的文化、运动和参与方式。参与性强的活动能给参与者带来更好的体验。活动策划者可以通过开发具有地方和民族特色的各种参与性活动，利用各种可能的机会吸引游客，大力推销当地的旅游资源，依托节日活动策划各种富有参与性的文化娱乐活动，让活动的参与者感到趣味无穷，达到较好的活动效果。

7. 市场化原则

精确的市场定位是活动策划成功的重要因素。市场化原则就是要走出组织出资包办的旧模式，把举办活动当成一个产业来经营。在策划活动时不仅要根据市场的需求来开发活动的产品和服务，而且要在调查现有市场的需求和发展趋势的基础上找出亮点，开发适合市场发展趋势并具有前瞻性的活动产品和服务，进而主导市场的需求和消费。这样策划出来的活动产品和服务就能受到市场的欢迎，并具有旺盛的生命力。活动策划的市场化原则还要求按市场化运作的要求来策划活动的组织和经营，考虑活动结束后的市场反馈，应该将活动当作产品，注意其品牌注册和无形资产的维护。

二、活动策划的方法

活动策划的方法

活动策划有很多方法，根据策划的主体可以将活动策划的方法总结为群体策划法和整体策划法。

（一）群体策划法

群体策划法是通过群体的力量进行活动策划的方法，目前比较成熟的有头脑风暴法、三三两两讨论法、德尔菲法等。

1. 头脑风暴法

头脑风暴法是由美国创造学家奥斯本于1939年首次提出、1953年正式发表的一种激发性思维的方法，深受众多企业和组织的青睐。

头脑风暴法是指采用会议形式（如专家座谈会）征询专家意见，找出各种问题的症结所在，并提出针对具体项目的策划创意。简言之，就是通过小型会议，让所有的参加者在自由愉快、畅所欲言的气氛中自由交流思想，激发创意。

（1）组织形式

头脑风暴法参加人数一般为5～10人，最好由不同专业或不同岗位的人员组成。会议中有主持人一名，主持人只主持会议，对设想不作评论。会议中还需要记录员1～2名，负责记录参会人员的想法和观点。会议时间控制在1小时左右。

（2）会议要求

会议中主持人必须熟悉所讨论的问题及相关知识，要善于引导，只主持会议，对设想不作评论。

参加会议的人员可以自由发言，提倡自由思考，鼓励新奇想法，但不准对他人的想法提出批评和建议。

会议记录人员要认真将与会者的每个设想不分好坏地完整记录下来，由主办方挑选出适用的结论。

（3）优缺点

头脑风暴法的优点在于容易获取广泛的信息、创意，参与者互相启发、集思广益，在大脑中掀起思考的风暴，从而启发策划人的思维，想出优秀的策划方案。

头脑风暴在使用中也有局限：首先，邀请的专家人数受到一定的限制，若人员挑选不当，容易导致策划的失败；其次，参加会议的专家应水平相当，以免产生权威效应，影响另一部分专家创造性思维的发挥；最后，会议的时间也需要控制，时间过长，会议容易偏离策划的主题，时间太短，策划者很难获取充分的信息。

2. 三三两两讨论法

头脑风暴法是在活动策划中使用较多的方法，但往往小型茶会活动策划过程中请不到那么多专家。这时可以运用三三两两讨论法，这种方法适合校园茶会活动策划、小型茶会活动策划，是激发创意的有效方法。

三三两两讨论法是在团队创意思维训练过程中，每两人或三人自由组合，在三分钟时限内，就讨论的主题交流意见及分享创意。三分钟后再回到团体中做汇报交流，如此反复几次可形成可行的创意。

此方法还可演变为六六讨论法，即将团队分为六人一组，只进行六分钟的小组讨论，每人一分钟，然后回到大团体中分享并评估，最终得到完美的方案。

3. 德尔菲法

德尔菲法也称专家调查法，是指采用问卷、电话、网络等方式，反复征求多个专家意见，作出统计，如果结果不一致，就再进行征询，直至得出比较统一的方案。这种方法的优点在于专家是背对背式，没有权威压力，可以自由充分地表达意见，结论相对客观。作为一种主观、定性的方法，该方法不仅适用于预测领域，还广泛应用于具体指标、内容的确定过程。1946 年兰德公司首次使用这种方法进行预测，后来该方法被迅速广泛采用。

知识链接 2-1
头脑风暴法

(1) 组织形式

运用德尔菲法，首先由主办方确定问题，设计问卷，选择专家组，并将问卷分别发送给专家；待专家完成后回收问卷，分析专家们的看法是否一致，如果看法一致，就可以整理形成最后的结果，如果看法不一致，则需要统计意见，编制下一轮问卷，再重新发送问卷，继续进行专家调研，直至达成一致看法。

(2) 优缺点

德尔菲法也有明显的优缺点，优点是专家们互不见面，不能产生权威压力，因此可以自由充分地发表自己的意见，从而得出比较客观的策划创意。但是德尔菲法主要凭借专家判断，主观性较强，且反复次数较多，反馈时间较长，有的专家可能会因为工作忙或其他原因中途突出，影响反馈结果的准确性。

（二）整体策划法

活动策划需要寻找创新的概念和吸引眼球的看点，但过于倚重一两个灵光突现的点子，没有系统的配套措施，对活动的执行没有任何帮助。活动策划强调整体联动原则，强调在整体性、全局性、效益性的基础上突破和创新。整体策划法主要包括系统分析策划法和逆向思维法。

1. 系统分析策划法

系统分析策划法以系统和整体最优为目标，对系统的各个方面进行定性和定量分析。它是一个有目的、有步骤地探索和分析的过程，通过对问题的充分调查，找出其目标和各种可行方案，并通过分析和判断，对这些方案进行比较，帮助策划者对复杂问题作出最佳的科学策划。其中，PDCA 管理过程循环在系统分析策划法中的运用可以为策划的整个过程提供借鉴。

PDCA 又被称为戴明环，P(plan)是计划，包括活动方针和目标的确定，活动的调研、策划、方案的编写等；D(do)是执行，指根据编制的策划方案和执行方案，进行方案的实施和运作；C(check)是检查，是在执行过程中需要对出现的问题进行记录，在总结过程中对策划和实施的过程进行分析和反思，对方案的优点和问题进行总结整理；A(act)是处理，是对总结检查的结果进行处理反馈，对成功的经验加以肯定，并予以标准化，对失败的教训进行总结，引起重视，并在下一个策划实施过程中进行解决。

以上四个过程不是运行一次就结束，而是周而复始地进行，每个循环都解决一些问题，未解决的问题进入下一个循环继续解决，保持阶梯式上升。

PDCA 管理过程循环是全面质量管理所应遵循的科学程序。活动策划和实施就是活动计划的制订和组织实现的过程，这个过程就是按照 PDCA 管理过程循环周而复始地运转的。

2. 逆向思维法

在活动策划或者执行某项任务时，首先会定好一个理想的目标，然后按顺序考虑实现目标的手段和方法。为了能够稳步地达到目标，需要设想很多方案或路径，然后按照设想的方案或路径一步步往前推进，直至目标实现。这种思路或方法一般被称为顺向思维法，但在活动策划时，也经常会用到另外一种方法，即逆向思维法。

知识链接 2-2

PACA 管理过程循环

逆向思维也是策划中经常用到的一种求新求异的策划方法，也称求异思维，它是对司空见惯的、似乎已成定论的事物或观点反过来思考的一种思维方式，让思维向对立面的方向发展，从问题的相反面深入地进行探索，树立新思想，创立新形象。

从活动策划的角度来说，逆向思维是首先考虑活动最理想的状态，确定实现这个目标的前提是什么，然后思考为了满足这个前提应该具备什么条件，需要做哪些准备，一步步退回来，一直退到出发点，直至和初始状态连接起来。整个活动的流程和过程中需要实现的环节和步骤就可以出现，然后再通过顺向思维来思考，通过顺向、逆向两个方面的思考，倒着走得通，顺着也可以走得通，说明这个策划方案就是可以执行的方案。

三、活动管理概述

（一）活动管理的内容

活动管理概述

活动策划完成后，便进入组织和管理环节，要想执行顺畅，必须要明确哪些工作内容需要管理。结合茶会活动管理的实际情况，可将活动管理的主要内容分为活动进度管理、活动成本管理、活动资源管理、活动风险管理、活动物料管理和干系人管理。

1. 活动进度管理

活动进度管理是指采用科学的方法对整个活动进行任务分解，并制定不同阶段完成的目标，编制进度计划，进行进度控制。活动进度管理的主要目标是在规定的时间内，制订出合理、经济的进度计划，然后在该计划的执行过程中，检查实际进度是否与计划进度一致，保证活动按时完成。每项茶会活动都需要在既定的目标下进行活动任务的分解，并确定活动时间表和每项任务负责人等，在整个活动执行中按照计划管理，保证活动有序进行。

知识链接 2-3

逆向思维法

2. 活动成本管理

活动成本管理是指在活动策划和组织过程中，进行成本估算，制定预算和控制预算的过程。其主要目的是在活动成功举办的前提下，算准钱，并用好钱。

3. 活动资源管理

活动资源管理是指识别、获取和管理为完成项目所需要的资源，如人力资源、赞助商资源、媒体资源等。资源管理主要是指规划资源管理、估算活动资源、获取资源、建设相应的团队和管理团队的过程。如有些茶会活动在没有足够的人力资源时，便会邀请某个协会的志愿者一起参加，以便统一管理和节约资源。

4. 活动风险管理

活动风险管理是指把活动中的有利因素的积极结果尽量扩大，把不利因素的后果降低到最低限度。主要是识别风险、规划风险应对、实施风险应对和监控风险等。活动执行过程中都会存在突发事件或突发状况，因此风险管理对活动成功举办十分关键。

5. 活动物料管理

活动物料管理是指对活动中要使用的物料进行统计、整理或采购、用后清洁归还的整个过程。茶会活动所用的物料较多，每一个茶席上的物料都可能不一样，因此每种物料都要考虑详细，如果物料存在短缺，应在资金和时间允许的前提下进行采购。

6. 干系人管理

干系人是参与茶会的人员，如主办方、承办方、嘉宾、观众、赞助方、媒体人士等，又被称为利益相关者。如果是大型茶会活动，可能还会涉及交通管理、医务管理、安保管理等。要与各类干系人保持密切联系和良好的关系，以保证活动有序进行。

（二）活动管理的技巧

1. 内容清晰化

在活动组织和管理过程中，要想执行顺畅，必须明确哪些工作内容需要管理。活动管理中首先需要进行任务分解，明确有哪些需要管理的内容，使工作内容清晰化，这样才能保证每项工作顺利完成，没有遗漏。

2. 工作流程化

每一项管理都要明确工作任务和内容，才能更有效地执行。在活动策划方案确定好后，执行之前需要对工作任务进行流程规划，使工作内容按照时间顺序进行，这样工作内容就不容易落下或漏掉。流程化的管理还会让工作任务保证质量和效率。

3. 任务表格化

将分解的工作内容或工作流程以表格的形式列出，这样可使工作人员对工作任务一目了然，迅速明确工作任务有哪些，已经做了哪些，还有哪些没有完成，便于监督管理。

4. 工作专责化

活动中的每项关键工作必须指定专人负责，尽量避免把一项工作的责任分给多个人。专人负责更容易保证工作效率，而多人负责且分工不明确会导致众人旁观，无人担责。关键工作的责任人不仅要有履行责任的能力，还应拥有相应的权力，否则责任只是一句空话。

5. 信息公开化

执行活动需要完成的任务都确定好后，应及时向团队工作人员发布工作任务细节、时间节点、负责人等相关信息，向嘉宾和观众公开活动开始和结束的时间、地点、活动内容等，以便活动的传播和管理。另外，一旦活动发生临时变化，应及时发布消息和通知，以免嘉宾和观众遗漏消息。

6. 管理人性化

在活动管理过程中，所涉及的工作人员、志愿者相对较多，应做到管理人性化，合理安排工作内容和工作时间，这样才能更好地为客人服务。工作人员有过多的任务，身体上过度劳累，都不利于活动的开展。

实训项目

【目的】掌握活动策划的方法，如头脑风暴法、三三两两讨论法。

【资料】通过书籍或网络收集当地茶产业、茶文化资料或二十四节气与茶相关的资料。

【要求】以六人左右为一小组，用头脑风暴法、三三两两讨论法讨论本小组在接下来的课程中茶会活动策划和执行的方向。

知识拓展

2022・中秋茶会暨秋季钱塘茶会在华家池举行

为了丰富在杭茶界老专家、老茶人老有所为、老有所乐的生活，共同欢度中秋佳节，9月9日上午，2022・中秋茶会暨秋季钱塘茶会在浙江大学华家池池畔苑举行。

本次中秋茶会首创名茶趣味品赏活动，通过“盲品”形式竞猜茶名，到场茶人们踊跃参与。在茶会上，老茶人代表现场表演宋代点茶，给大家送上中秋的祝福；茶诗朗诵和小提琴演奏，把茶会的气氛推向了高潮。大家品茶、赏乐，用茶香迎接中秋佳节的到来。茶会内容丰富、气氛活泼、表演精彩，洋溢着浓浓的节日氛围，是一次十分成功而难忘的茶人盛会。

这次中秋茶会的召开，是浙江省茶叶学会进一步加强老专家工作的又一举措，体现了学会对老专家工作的高度重视。在杭茶界退休老专家可谓人才济济，他们过去曾经是我国茶界精英和科技骨干，曾经为共和国茶科技、茶教育、茶文化、茶产业的发展作出过重要贡献。他们尽管年事已高，但仍然老当益壮、生机勃勃，他们怀着对茶叶事业的深厚感情，以他们独特的方式带头践行着吴觉农先生的茶学思想和茶人精神。他们响应国家号召，连续十五年对接四川山区，实施科技扶贫；他们长期在省内外开展科技下乡，技术培训和技术推广；他们走进机关、学校、乡村宣传推广茶文化；他们用智慧和汗水为山区农民栽下了“摇钱树”，帮助农民脱贫奔小康。他们把晚年最精彩的论文写在了祖国的茶山上，写在了山区茶农的心中，他们是新时期茶界最可爱的人！

项目三

茶会活动主题与项目策划

※ 理解活动背景分析的含义、要素及步骤,学会分析一场活动的背景。

※ 掌握茶会活动主题的概念、意义和特征,学会提炼小组茶会活动的主题口号。

※ 掌握选择茶会活动名称、时间、地点、参与成员等的技巧,学会设计本小组的活动名称、时间、地点和参与成员等。

※ 掌握茶会活动项目的类型、内容、策划原则和设计流程,策划本小组的茶会活动项目。

※ 分析茶会活动背景,了解茶文化和传统文化,强化爱国情怀。

※ 将茶会活动主题与传统节日结合,强化文化自信和民族自豪感。

※ 学习茶会活动项目策划,增强传播中华传统文化的理念,树立文化强国意识。

※ 设计以茶友为中心的体验项目,培养以人为本的意识和精益求精的职业精神。

任务一　茶会活动背景分析

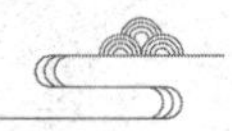

情境设置

第七届中华茶奥会总体方案

一、活动背景

2020 年 5 月 21 日是联合国确定的首个国际茶日。茶起源于中国,盛行于世界……作为茶叶生产和消费大国,中国同各方一道,推动全球茶产业持续健康发展,深化茶文化交融互鉴,让更多的人知茶、爱茶,同品茶香茶韵,共享美好生活。

中华茶奥会是我国首个以茶为主题的奥林匹克盛会,以赛、品、论、展等形式展呈纷繁茶事,是国家"一带一路"倡议下茶产业转型升级的重要举措,自 2014 年迄今已经成功举办六届。2020 年后,茶产业加速转型,茶界上下努力在危机中育新机、于变局中开新局。我们将按精简办赛的原则有序举办好预选赛、单项赛,积极搭建产销对接平台、持续培育事茶人才,以助力复工复产、精准扶贫、乡村振兴,进一步规范赛事运作,着力做好组织机构完善和办会体制机制创新工作。

二、活动目的及意义

第七届中华茶奥会以"传承、创新、融合、共享"为理念,以"开放性、丰富性、规范性、权威性、圆满性"为目标,旨在使茶成为民生之福、时尚之饮、文化之承、融合之美的最佳代言,营造和谐共赢、美美与共的"六茶共舞"氛围,让中国茶的魅力影响世界。

三、活动主题

科技茶奥·品质茶奥·人文茶奥·活力茶奥·时尚茶奥。

四、活动时间

2020年12月26日—27日。

五、活动地点

杭州市西湖区龙坞茶镇。

六、组织架构

(1) 主办单位:中国国际茶文化研究会、浙江大学、中华全国供销合作总社杭州茶叶研究院、中华茶人联谊会、杭州市人民政府。

(2) 承办单位:杭州市茶文化研究会、杭州市供销合作社联合社、杭州市西湖区人民政府、杭州西湖风景名胜区管理委员会、中国茶叶博物馆。

(3) 执行单位:略。

(4) 支持单位:略。

(资料来源:根据第七届中华茶奥会资料整理。)

任务提出:在第七届中华茶奥会总体方案中,我们可以看到,最前面的是活动背景、活动目的和意义,为什么有这一部分的内容呢?在进行活动策划之前,只有深入了解活动背景和前提,才能够针对当下的情况做出最佳的活动方案。那么活动背景分析如何开展?需要从哪几个方面分析?

任务导入:依据案例中的茶会活动内容,展开活动背景分析。

一、活动背景的含义

活动背景是指活动目前所面临的宏观的、外部的总体情况,即时代背景、社会文化背景、经济背景、行业背景。在着手活动策划之前,首先要对开展活动的外界环境和条件进行评估,明确是否适合开展此活动,于何时何地开展此活动,活动目的是否能够达成,开展此活动的重要性和必要性。

二、茶会活动背景分析要素

活动背景分析可从活动资源背景分析、经济背景分析、社会环境背景分析、行业发展背景分析四个方面展开。

茶会活动背景分析

1. 活动资源背景分析

一项成功的茶会活动需要有恰当的文化氛围、优质的茶品和与活动主题匹配的活动项目。因此在准备策划一项活动时,如果没有确定活动主题和方向,则可以对活动地的历史文化资源、传统节日资源、自然资源等进行分析,挖掘文化、历史、自然等资源的优势,寻找资源的亮点;如果已经确定了活动主题,则可以针对相关主题的文化、历史、自然等资源进行重点分析。

活动资源背景分析具体内容包括:通过分析当地传统文化、历史资源,挖掘与茶会活动匹配的文化要素,确定相应的茶会活动主题,丰富活动项目等;通过分析传统节日,选择茶会活动适宜举办的节日，确定茶会活动举办的时间等；通过分析自然资源、气候条件等，选择茶会适用的茶品、茶点等。

2. 经济背景分析

经济背景分析包括宏观经济背景和微观经济背景，在设计茶会活动时，需要将两者结合起来分析。宏观来看，经济背景将直接影响一个国家或地区的人口数量及增长趋势、国民收入、国民生产总值；微观来看，活动当地人们的就业情况、收入水平、储蓄情况、消费偏好等也将影响到活动的质量和规模。通过经济背景分析可以判断当地消费者的消费能力和消费喜好。

3. 社会环境背景分析

社会环境主要是指社会文化背景，包括一个国家或地区人们的受教育程度和文化水平、宗教信仰、生活习俗、价值取向、行为方式等多种因素，还包括当地的治安条件等。

4. 行业发展背景分析

行业发展背景分析主要是指茶叶行业背景的分析，如当前茶叶市场发展现状，还需要考虑相同行业背景下，曾经或将要举办活动的时间、空间分布与竞争状态分析，包括本地纵向时间上和横向空间上是否曾经或已经举办过类似的活动。在行业发展背景分析时，可以对周边地区乃至国内外知名活动的举办情况进行资料收集和分类。针对同类活动的背景分析不仅可以衡量本次活动是否可行，还可以从同类活动中获取灵感。

三、茶会活动背景分析步骤

活动背景分析是基于目前的、现有的、确定的物质基础和文化基础展开的分析和思考，是对后续活动开展过程中可能出现的机遇和挑战做好预案。一般情况下，可以按照如图 3-1 所示的三个步骤进行。

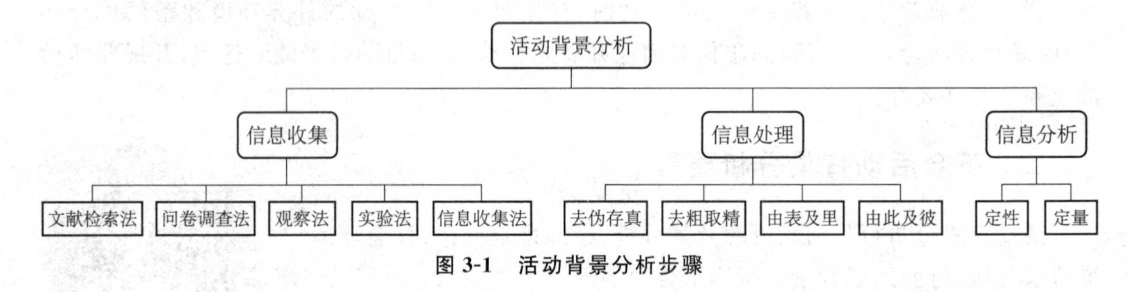

图 3-1 活动背景分析步骤

1. 信息收集

信息收集是旨通过各种方式，如线上问卷、线上信息采集、线下问卷调查、查阅书籍等来收集所需要的信息，同时要注意信息的全面性和时效性。信息收集是分析的先决条件，也是关键步骤，信息的准确性将直接影响信息管理工作的质量，将直接影响最终判断的正确性。例如，某公司打算举办一场茶叶新品发布会，计划在户外草坪举行，这时策划者就应该查询活动当天的天气预报，判断是否适宜开展室外活动，如有雨雪，应该提前做出预案。

2. 信息处理

信息处理即信息加工，是对采集的信息去伪存真、去粗取精、由表及里、由此及彼的加工过程，是在原始信息的基础上，生产出价值含量高、方便用户利用的二次信息的活动过程，能够更有效地指导决策。例如，某公司打算在发布会上准备一款茶叶伴手礼，目前有两款包装方案，但尚未决定使用方案 A 还是方案 B。这时应该让活动策划者收集并整理此次发布会的受邀嘉宾信息，如数量、性别、年龄、喜好、收入水平等。

3. 信息分析

信息分析是指以用户的特定需求为依托，通过对信息的收集、整理、鉴别、评价、分析、综合等一系列加工过程，形成全新的、增值的信息产品，最终为不同决策服务的活动。例如，结合上述嘉宾信息的处理结果，进一步整理分析，最终决策选择方案 A 还是方案 B。

实训项目

【目的】掌握活动背景分析的要素和步骤。

【资料】(1) 假设当地政府为了推广当地茶产业和茶文化，拟举办一场大型茶会，请通过书籍、网络、访谈等进行调研，对活动的背景和可行性进行分析。

(2) 某茶企为了更好地推广企业品牌，拟选择二十四节气为主题策划一系列茶会活动，请选择任一节气，进行调研，并对活动背景和可行性分析。

【要求】以小组为单位，运用活动策划方法中的群体策划法，选择以上资料中的其中一个进行调研，并进行背景分析和可行性分析。本次确定的茶会活动将在后续的课程中不断完善，最终策划和实施一场茶会。

知识拓展

文化茶馆营销新模式

某茶馆倾情演绎了一场品茗赏曲茶会。茶与昆剧都是中华民族的文化瑰宝，二者自古便有着不解之缘。明代汤显祖就融茶人、戏剧家于一身，品茗之时作曲，作曲之余品茗、做茶诗。汤显祖的《竹院烹茶》便是他创作戏剧之时悠悠品茗的形象写照，其诗云："君子山前放午衙，湿烟青竹弄云霞。烧将玉井峰前水，来试桃溪雨后茶。"本次茶会中，文化界众多专家、学者、茶人、票友济济一堂，在品茗、赏曲中度过了一个美好的夜晚。中国国际茶文化研究会副会长梁朝清、沈才土以及浙江昆剧团团长林为林等高度赞扬了此次演出的意义，并祝贺昆曲与茶联袂的成功。

本次茶会的主题是"闻香·品茗·赏戏"，其特色突出"戏品"。"戏品"既是对茶馆消费者品茗、赏戏意境的一种形象概括，还是该茶馆推出的文化品牌。本次茶会"戏品"有三："戏品"之一为"茶"，"茶"有两道，第一道凤凰单枞，第二道陈年普洱；"戏品"之二为"赏"，"赏"有六"赏"，第一赏民乐《琴箫合奏》，第二赏昆剧《烂柯山》，第三赏茶艺表演，第四赏昆剧《牡丹亭·游园》，第五赏古代香篆演示，第六赏昆剧《牡丹亭·惊梦》；"戏品"之三为"尝"，有两种茶点心可尝，第一尝为江南茶点，第二尝为南宋名点。

茶馆是人民群众品茶休闲的场所，在杭州打造旅游休闲城市的过程中具有特殊的意义，是文化生活品质的典型代表。许多新兴茶馆不满足于传统服务项目，致力于茶文化产品的开发，然而文化产品的开发难度高、投入大、周期长、维护难，巨大的经济压力使他们往往无法顺利度过早期开发阶段。此次茶会就是将中国传统戏剧文化引入茶楼的一次尝试，并以茶会形式展示给消费者，将文化大餐、品茗等各种与茶相关的文化元素整合起来，希望实现打造集品茗、赏戏、吃茶餐、休闲娱乐为一体的文化茶馆梦想。该茶馆还计划汇集昆曲、相声、太极拳、养生、南宋茶餐、武林斗茶等众多文化元素为一体，充分展现文化茶馆的特色。

任务二　茶会活动主题策划

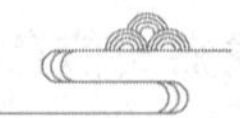

情境设置

2022 年国际茶日暨第十四届全民饮茶活动

茶会名称：2022 年国际茶日暨第十四届全民饮茶活动

茶会主题：茶和世界，共品共享

茶会时间：2022 年 4 月—10 月

茶会地点：线上＋线下

主办单位：中国茶叶学会、中国茶产业联盟等

承办单位：略

为倡导“茶为国饮”，2009 年始，中国茶叶学会联合社会各界，每年在 4 月 20 日前后举办全民饮茶日活动，至今已举办了 13 届，逾千万人参与。2019 年联合国大会第 74 届会议将每年 5 月 21 日确定为国际茶日，以赞美茶叶对经济、社会和文化的价值。2020—2021 年，中国茶叶学会联合中国茶产业联盟等单位于国际茶日期间举办了两届“美美与共”云茶会，网上参与人数累计达 500 余万名。为了进一步促进全球茶文化交融互鉴和茶产业持续发展，促进全球公众科学素质提升和科学文化交流，今年中国茶叶学会继续组织发动 2022 年国际茶日暨第十四届全民饮茶活动。

任务提出：活动主题是整个活动的灵魂所在，确定了活动主题以后，为了让活动主题有效地传递给活动参与者，需要一个响亮而深刻的活动主题口号，那么活动主题口号的语言特点有哪些，该如何提炼？

任务导入：依据之前策划的茶会活动主题，进行活动主题口号的提炼。

一、茶会活动主题概述

1. 活动主题的概念

“主题”一词源于德国，最初是一个音乐术语，指乐曲中最具特征并处于优越地位的那一段旋律。活动主题是对活动内容的高度概括，是活动策划的灵魂，包括此次活动的主要目的、中心任务和意义。活动主题是贯穿活动的核心思路，是一个抽象化的概念，

茶会活动主题概述

但可以通过活动主题口号形象生动地向人们展示和传播，例如，“第三届中华茶奥会茶席设计赛”的主题是茶席设计，“愿与你临一座茶席，尝遍人间百味”是为了将活动主题形象生动地展示和传播而设计的主题口号。由中国茶叶学会在国际茶日主办的“美美与共”云茶会已经连续举办三年，活动围绕国际与茶这一主题展开，通过“茶和世界，共品共享”的主题口号广泛传播。

2. 活动主题的意义

活动主题能够向活动参与者传达活动的主要信息或核心概念，能够突出活动内容，给活动参与者带来利益与价值。在活动策划、活动宣传、活动执行、活动总结等过程中，活动主题贯穿始终，对把握活动目的具有积极作用。

活动主题将决定活动的影响强弱、质量高低、价值大小、作用有无。从精神层面来说，主题的选择直接影响人们参与活动的积极性，有精神内核、丰富创意、感染力、艺术性、互动性的主题，将吸引人们主动参与活动，并进一步转化成为活动策划方的忠实用户。

二、茶会活动主题特征

茶会活动属于一般活动的一种，茶会活动主题特征与一般活动主题特征既有相同之处，又有不同之处。茶会活动主题特征包括针对性、创意性、多变性、时节性、互动性。

1. 针对性

茶会活动主题策划通常具有较强的针对性，主办方在举办活动时都有明确的目的。如茶叶新品发布会、茶叶推介会，一般都是主办方为了推广或销售茶叶产品而举办的，目的是为新产品造势宣传，突出产品的特点与优势，通过在活动现场设置新品体验环节，帮助用户更深入、更全面地了解茶叶产品。又如“曲水流觞”这类雅集茶会活动，更多的是为了推广传承茶文化，带有一定的文化宣传目的，在策划此类活动时，更注重活动内容的文化内涵、活动现场的视觉效果，以及活动后期的社会影响。

案例分享

2014 年 6 月 13 日至 16 日，中国（济南）第八届国际茶产业博览会暨第二届茶文化节在济南国际会展中心开展，作为本次展会的特色茶会活动，独具创意的“曲水流觞 · 泉城茶事”一直是展会活动的焦点，引观众竞相围观参与，如图 3-2 所示。“曲水流觞”原本是旧时文人间的一段雅趣逸事。东晋永和九年的上巳节，王羲之一行四十二人相聚会稽山阴的兰亭，祓禊仪式后便咏诗论文、流觞取饮。当场所成诗句结为《兰亭集》，王羲之更作序《兰亭集序》，此后，曲水流觞与记诸此事的《兰亭集序》被传为美谈，誉享千年。本次济南茶博会的“曲水流觞 · 泉城茶事”，就是组委会在既有典故基础上整体取意，移樽换盏、以茶代酒，同时结合展前五龙潭、五四青年节、母亲节和端午节四场预热茶会主题“泉城茶事”，融合香道、茶道、花道元素，带给泉城人民全新的喝茶体验，传达出生活美学的意念。

2. 创意性

创意对活动主题来说非常重要，通过好的主题创意，主办方不但能够有效地与用户进行

图 3-2 曲水流觞·泉城茶事

沟通和交流，而且能够精准地抓住用户的诉求，形成良好的传播效应，吸引更多的用户参与茶会活动的开展和宣传，加深用户的记忆，降低传播和二次传播的成本，最终起到促进销售、推广、联系的作用。例如，近年比较热门的茶旅结合是将茶叶生态环境、茶叶生产、茶文化内涵等融为一体进行旅游开发，以茶为载体，结合当地多姿多彩的民风民俗活动，进行系统科学的策划设计，形成涵盖观光、体验、科普、习艺、娱乐、商贸、购物、度假等多种功能的新型旅游产品。

案例分享

2021 年 5 月 19 日上午，以“爱在太姥，茶香福鼎”为主题的 2021 年中国旅游日茶旅系列活动在福鼎市鼎文化公园开幕。本次活动以 5·19 中国旅游日、5·20 网络情人节、5·21 国际茶日三个特殊日子的巧妙组合为契机，旨在展示和推介福鼎丰富的旅游资源和深厚的白茶文化，促进茶旅、文旅融合发展，提升福鼎旅游、福鼎白茶的知名度和美誉度，助力福鼎创建国家全域旅游示范区和全国茶旅融合样板区。开幕式上，“太姥娘娘”惊喜现身，通过四个情景剧为大家介绍福鼎的食、宿、行、购、娱，倾情推介福鼎全域旅游。活动现场还宣布了“山海风情扶贫茶旅线”“茶山乡村庄园老街线”“滨海渔乡亲水体验线”“山海岛主题村落游赏线”“渔乡美丽乡村观赏线”五条全新旅游线路，并发布了相关的旅游惠民政策。为此次“爱在太姥，茶香福鼎”中国旅游日茶旅系列活动“打头阵”的是集好看、好吃、好喝、好玩于一身的“溪畔市集”活动，率先为广大游客献上了一道文化“大餐”，该活动由茶席、美食、文创、民间手工艺等不同主题展区组成。游客行走在福鼎文化公园里，品白茶、尝美食、猜灯谜、赏书画盆景、了解旅游资讯……活动现场，茶香、花香、墨香交融，歌声、笑声、乐声不绝于耳，一个个精心布置的展区，将茶香福鼎的山水魅力、民俗风情展现得淋漓尽致，构成了桐山溪畔一道亮丽的风景线。

3. 多变性

中国是茶叶的故乡，且产茶地区遍布大江南北，每个区域都会有特色的茶叶产品和茶叶

产业链。根据贸易、文化、政治等需要，茶会活动主办方会推出不同的活动主题，并根据具体情况进行调整。例如，策划一场春茶品鉴会，在杭州举办活动时主要以西湖龙井茶产品为主，在江苏地区以碧螺春为主，在云南地区则以普洱生茶为主，所以活动的主题也会因地制宜地根据具体情况而改变。

案例分享

2021 年 4 月 18 日，云南甸美古树春茶品鉴会在艺术中心茶馆展开(见图 3-3)。专业的茶艺师带领大家从茶具到茶品的外形、香气、口感、汤色、叶底进行品鉴。在品鉴过程中，茶艺师详细介绍了古树春茶的种植环境、采摘条件和制作过程，每一步骤都需要匠人们精心对待，才能够完成这款茶叶，完成从茶园到茶杯的使命。在品鉴会上，嘉宾还能够现场购买茶叶，带走自己心仪的产品。赴一场茶会，喝一杯云南的春天。

图 3-3 云南甸美古树春茶品鉴会

4. 时节性

茶叶产品的季节性和时令性比较强，故茶会活动主题也带有明显的时节性。在古代茶会活动中，有按照早、午、晚区分的“三时茶”，有皇帝在宫廷茶宴上给朝臣赐茶，有文人雅客寄情山水、伤春悲秋时的茶会雅集。在现代茶会活动中，有不同季节的茶叶博览会，有端午节、中秋节茶话会，有春茶制茶体验活动等。这些活动主题紧密结合当下时令，有明显的时间节点，不但能令用户产生深刻的印象，还能与传统文化融通，有效提升活动的内涵与寓意，拉近用户与主办方的距离，建立情感联系，对后期传播具有积极作用。

5. 互动性

茶会活动通常希望更多用户能够直接参与进来，直接受益。在现代茶会活动中，一定要避免曲高和寡、不接地气，需要充分吸引用户的关注，调动用户的积极性，这样才能够达到主办方预期的活动效果。活动主题需要有强烈的互动性，为用户留下深刻的印象。例如，崂山区王哥庄街道推出的茶会活动"醉"特色，全城弘扬茶文化，这一系列活动轰动全城，吸引了市民的广泛参与。

案例分享

为了深入开展新时代文明实践"传"主题活动，叫响王哥庄街道"举办特色节庆，山海小城传文化"新时代文明实践品牌，营造浓厚的茶节氛围，提高市民游客的参与度，王哥庄街道开展了"崂山 921"线上茶节活动、知识云竞赛，以及"醉"特色系列活动，贯穿 5 月到 9 月，"茶艺师培训：传承茶文化，醉美是茶人""分享'一份茶'：茶乡一日体验游，醉享王哥庄""专家送'茶经'，醉浓茶乡情""亲子活动及少儿茶艺比赛：小小传承人，醉爱茶文化""新茶展销会：品鉴新茶，醉想王哥庄"等持续几个月的茶主题特色活动全城互动、惠及茶农。

三、茶会活动主题策划方法

主题的选取对活动的成功策划具有重要影响，好的主题能够让整个活动的策划逻辑更加清晰，让活动的影响更加广泛，让活动的目的更容易实现。活动主题的策划方法多种多样，既有传承经典的主题，也有开拓创新的主题，所有的策划方法都是为了实现活动目的。活动主题策划方法主要有以下几种。

茶会活动主题
策划方法

1. 结果导向法

结果导向法是从目的出发，深入思考策划此次活动的目的，再思考后续的步骤。这种活动主题一般针对性非常强，对时间、人物、地点、程序都会有较为明显的限制。例如，策划 G20 峰会期间的茶歇活动，策划的目的是让各国元首在紧张的会议间隙稍加放松，同时传播中国文化，创造贸易机会。峰会会场位于杭州，因此选用了能够代表杭州文化的西湖龙井和九曲红梅作为指定用茶，采用简约高雅的茶席设计，尽展大国气派。

2. 创新想象法

创新想象法包含想象和创新两部分。想象是人们对客观事物的抽象化和丰富化，创新是在现有基础上创建区别于常规的思考和行为方式，这两者的结合是策划主题的强大源泉，能够为活动主题的确立注入更多的灵感，让普通的、平凡的、乏味的活动主题年轻化、潮流化、生动化，更富有情调和生命力。

3. 多元组合法

多元组合法是指将多种元素按照一定规则和顺序组合起来，用艺术化的表现手法将其转化为统一和谐的主题，包括拼接式组合、创造性组合和说明性组合，即简单的几种元素拼接，多种不同元素拆分成最基本单元再选取部分重组，或在现有元素的形式基础上简单重组。例如，在策划一场元宵茶会时，可以将元宵习俗猜灯谜融入进来，改为有趣的"猜茶名"活动，设计谜底为各种茶名的灯谜，答对者就可以饮茶，答错者必须继续作答，十分新颖有趣。

4. 重点强化法

重点强化法是在活动策划的过程中捕捉活动的特点和重点，并强化放大，使之更加突出，深度挖掘活动要素，取优去劣，大胆创新，适当联想，让活动主题的意义、目的、宣传进一步强化。例如，茶文化中有"三茶"的民俗，即下茶、定茶、合茶，而且茶叶也是忠贞不渝的象征，所以在婚礼上通常设置新婚夫妇给长辈敬茶这一环节，表示对长辈的尊敬和夫妻同心。

5. 深入拓展法

深入拓展法是指基于现有的活动基础继续挖掘其深层次的内涵，再创造出新的活动主题，包括广度扩展和深度扩展两种方式。其中，广度扩展是更为广泛涉猎与现有主题相关的领域，扩大涵盖的范围；深度扩展是在现有主题上持续进行深度挖掘，结合具有时代特征或潮流特征的元素，使之更加年轻化。例如，小罐茶响应"中国守艺人"项目，在长城上展出百匠百福国粹作品展，是小罐茶在推广传统文化上的再一次创新宣传，将不同的福字与百种国粹工艺结合，让更多人感受到中华传统文化的魅力，合作推出数字藏品也是对元宇宙的响应和对手作技艺的保护。

四、茶会主题口号提炼

主题口号是对主题的概括性宣传语。主题与口号具有本质区别，活动主题是深层次且隐晦的，是把丰富的含义藏于字里行间，可以细细品味，需要仔细琢磨才能领会；而口号是口语化的、直接的、简单的、能够朗朗上口、具有一定鼓动性的、贴近受众心理的宣传语，不但要有内在含义，而且要让人能立刻领会，并且备受感召，积极参与进来。

茶会主题口号提炼

（一）主题口号的语言特点

主题口号的语言一般具有深刻、新颖、鲜明、刺激和简单的特点。

1. 深刻

深刻是指口号要有思想性、哲理性。富有哲理和内涵的口号才能吸引人，可以在给人思考空间的同时，产生向往。如浙江旅游职业学院休闲专业（茶文化方向）现代学徒制的结业茶会主题口号是"青衿之志 赓续初心"，表现了现代学徒制学子们续写茶文化从业者传播茶文化的初心与愿望。

2. 新颖

口号必须新颖，有独特的创意，这样才能吸引客人的眼球。如杭州余杭径山第十五届茶圣节的主题口号是"'圣'宴天下客"，运用茶圣的吸引力，利用"圣"和"盛"的谐音作为主题口号，十分新颖。

3. 鲜明

主题口号应观点明确、重点突出。如2017年杭州市"全民饮茶日"暨第六届万人品茶大会的主题口号是"普及全民饮茶，共享和谐健康"，口号紧扣主题，易于记住，也易于宣传推广。

4. 刺激

主题口号应有冲击力、感染力、感召力、共鸣感。如第三届中华茶奥会茶席设计赛的主题口号是“愿与你临一座茶席，尝遍人间百味”。这个口号虽然没有过多的哲理性的文字，但是能够给人以感召力和共鸣感，吸引茶友参加。

5. 简单

主题口号应易于传播，即易读、易记，又通俗易懂。如茶都品牌促进会二十四节气与茶之惊蛰的茶会主题口号是“茶香识女人”，非常简单，易于传播。

（二）主题口号提炼的方法

1. 主题提取法

主题提取法简单直接，是在原有主题的基础上，直接提取出关键词句组合成为口号，与主题关联度高，联系密切，在对外宣传时能够减少信息损失。可以直接引用全部主题词句，也可以引用部分主题词句完成口号创作，如“弘扬茶文化，引导茶消费”“梦起中国茶业，雅聚亚太茶友”。

2. 引用名言法

引用名言法富有启发性和权威性，能够激发人们参与活动的兴趣。名言通常语言精练，言简意赅，含蓄典雅，而且广为人知，基本上适合各类型的茶会活动的口号提炼。在直接或部分用作活动口号时，名言更加能够起到画龙点睛和升华主题的作用，当人们听到或看到这样的口号，能够更快地领会活动主题的内涵，达到高效宣传的作用。与茶叶相关且广泛运用的名言有“戏作小诗君莫笑，从来佳茗似佳人”“宁可三日无肉，不可一日无茶”“琴棋书画诗酒茶，柴米油盐酱醋茶”等。通过引用名言法提炼主题口号可以如“江南好，最忆姑苏碧螺春”“海内存知己，茶友若比邻”。

3. 标语套用法

标语是指文字简练、意义鲜明的宣传、鼓动口号，一般被广泛应用，朗朗上口，即使是三岁孩童都能够背诵记忆，并且起到很强的宣传教育作用，如“爱护花草，人人有责”，既说明事件，又强调责任，明确社会分工。标语套用法有强烈的目的指向性，多为祈使语气或号召语气，适合用在一些非常官方的场合。在一些大型茶会活动中，就可以运用这类方法，如海峡茶博会的口号可以定为“茶香两岸，茗扬千古”，既点明地点和主题，又运用大众熟悉的标语“名扬千古”，让茶会活动的意义得到升华。

4. 修辞运用法

在口号提炼过程中，最常用到的是修辞运用法，即对口号进行修饰、加工、润色，提高语言表达效果，包括比喻、排比、拟人、对比、夸张、对偶等。这类方法能够让口语变得更加生动形象，给人鲜明的印象，产生强烈的感情，引起情绪共鸣，适用于各种茶会活动的口号提炼。例如，运用对偶可以提炼出“茶有道，心无界”“茶是故乡浓，人是故乡亲”。

实训项目

【目的】掌握活动主题的概念，运用活动主题策划的方法和主题口号提炼的方法。

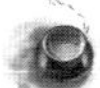

【资料】根据任务一中的活动背景分析的结果。

【要求】围绕任务一中的实训项目，运用主题策划的方法，确定本小组策划的茶会活动的主题，提炼本小组茶会活动的主题口号。

知识拓展

中秋赏茶会

2015年9月27日17:00，西安中秋赏茶会在大唐芙蓉园举行。茶会伊始，西安市民便带着家人，邀约三五好友，一同在唐诗峡品茗赏月，欣赏大唐芙蓉园迷人的夜色。大唐芙蓉园中秋游园活动异彩纷呈，除祭月大典、荷灯祈福、猜灯谜、吃月饼大赛、赏月等传统的活动外，特别增加了中秋赏茶会。中秋赏茶会作为大唐芙蓉园中秋游园的特色活动之一，给西安市民带来了很多惊喜。茶会现场，市民不但饱览了精美的茶席，品尝六大茶类名茶，还与茶友分享茶文化，分享中秋缘聚的喜悦。茶会上，还举行了猜茶、成语接龙送茶礼、寻茶等精彩的游戏，茶友们玩得不亦乐乎。这个中秋，当茶友们一同聚在唐诗峡中秋赏茶会上时，茶不再是茶，它已经变成了一份友人团聚的欢喜，变成了一个温情的祝福。

任务三　茶会活动主题要素策划

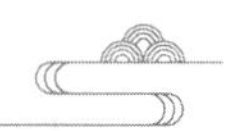

情境设置

2021年重阳节茶会在中国茶叶博物馆举行

茶会名称：2021年中国茶叶博物馆重阳节茶会

茶会主题：一笺杭梦龙井茶，杯上飘香敬寿长

茶会时间：2021年10月14日

茶会地点：中国茶叶博物馆

主办单位：中国茶叶博物馆

九九重阳，自古是我国的重要传统节日之一。因“九九”与“久久”同音，九在数字中又是最大数，有长久长寿的含意。秋季也是一年收获的黄金季节，重阳佳节，寓意深远。

重阳茶会，敬老爱茶。敬老是重阳茶会永恒的主题，精心布置的五台茶席错落排开，精美的插花作品装饰着席面，中茶博青年茶艺师冲泡敬奉，老茶人们把“茶”言欢。

任务提出：案例中可以看到，活动文案中除了有活动主题外，还有茶会名称、茶会时间、茶会地点、主办单位和承办单位等，这些内容统称为活动主题要素。活动主题要素在策划时需要一定的技巧和方法，活动名称里面需要包含哪些信息，活动时间设定有哪些要求，主办单位和承办单位有什么职责分工，活动吸引哪些人员参与，都需要仔细考量。

任务导入：依据案例中的茶会活动，具体分析活动主题的要素组成和设定技巧。

一、茶会活动名称制定

茶会活动名称制定

活动名称就像一个人的名字,对活动来说至关重要,一定要具备十足的吸引力,才能够在众多活动之中脱颖而出,吸引人们的关注。一个好的活动名称不但要简明扼要,一目了然,还要创意十足,激发人们参与活动的积极性,对活动后期宣传起积极作用。同时,中型或大型活动名称是具有唯一性的,是不可复制的。

活动名称一般由三部分组成:基本部分、限定部分和主题部分,活动名称可以传达活动时间、地点、事件等信息。

1. 基本部分

基本部分是每个活动名称中必须包含的内容,用以表明活动的形式、性质和特征,常用的词有会、活动、比赛、节、典礼等。“第十三届北京茶业及茶艺博览会”是活动名称,它的基本部分则是“会”。

2. 限定部分

限定部分用于说明活动举办的时间、地点、规模、范围等。

限定部分的时间可以用以下三种方式表示:

(1) 届:第十三届北京茶业及茶艺博览会;

(2) 年:2016 年西湖国际茶文化博览会;

(3) 季:法兰克福春季消费品展览会。

地点规模也通常会显示在活动名称中,如“第十三届中国(北京)茶业及茶艺博览会”是在中国北京举办的;2016 年西湖国际茶文化博览会,可以看出地点是在杭州西湖,规模是“国际”盛会。

3. 主题部分

主题部分用于表明活动主题,每个活动名称中都需要有一个一目了然的主题,让大家一看就知道是一个什么活动。如第十三届北京茶业及茶艺博览会的主题是茶叶及茶艺博览;第三届中华茶奥会茶席设计赛的主题是茶席设计;2017“全民饮茶日”暨第六届万人品茶大会的主题是“品茶”。

二、茶会活动时间选择

茶会活动时间选择

活动时间作为活动要素中的非常重要的一部分,其选择是否适当,在很大程度上影响活动是否能够举办成功。活动时间一般包括活动日期、活动时刻、活动时长和活动时限。

1. 活动日期

活动日期所包含的内容较为丰富,如活动的开始日期、筹备和撤会日期、观众开放的日期。

(1) 活动的开始日期

活动开始日期十分关键,如果活动的开始日期选择恰当,将吸引除目标受众之外的其他用户，如果活动的开始时间选择不当，将包括损失目标受众在内的大部分用户。大型竞赛类茶会活动通常把时间安排在非节日的周末，小型茶会雅集会把时间安排在周末的下午和晚上，很少有茶会活动安排在工作日白天。

总体来说，活动日期的选择还受到人的因素、场地因素、事件因素和节假日因素的影响。其中，人的因素是指活动邀请的关键嘉宾、茶友等是否有时间参加，在日期选择不确定时以主要嘉宾的时间为参考；场地因素是指茶会选择的场地是否与其他活动相冲突，也就是选定的场地是否有时间来承办这个茶会；事件因素是指在活动举办的日期内是否有其他同类的活动或其他大型活动；节假日因素是指茶会活动一般会选择在节假日举行，这样可以吸引更多有空闲时间的茶友加入。

(2) 筹备和撤会日期

活动筹备和撤会的时间为了保障活动有序进行，应给予活动执行方足够的时间，但这个时间也不是无限制的，应结合成本等合理确定活动筹备和撤会的时间。

(3) 观众开放的日期

一般大型活动都有观众开放的日期，这个日期是对外发布的日期，观众可在给定的时间内参与活动，同时执行方也遵守发布的开放日期举办活动。如第十三届中国(北京)茶业及茶艺博览会观众开放日期是 4 月 23 日至 4 月 26 日。

2. 活动时刻

一般活动选择好日期之后还要聚焦到时刻，如某一个活动开始时间是 5 月 4 日 18:30，这就是时刻，这个时间点是活动的具体开幕式或活动项目开始的时间，既然确定了此项时间，就必须遵守这个时间，按照这个时间开始活动。

3. 活动时长

活动时长是决定受众是否参加活动的又一重要因素，是指一项活动持续的时间长短，如第十三届中国(北京)茶业及茶艺博览会观众开放日期是 4 月 23 日至 4 月 26 日，这个活动的时长是 4 天；浙江旅游职业学院休闲专业(茶文化方向)2019 级现代学徒结业茶会时长是 2 个小时。

活动时长的设定必须科学合理，而不是越长越好。总体而言要根据活动内容、活动规模等适当调整活动时长。一般大型博览型茶会时长为 3～5 天；大型茶会时长为 1～2 天；中型茶会一般是半天到 1 天；小型雅集茶会一般为 2～4 个小时。

4. 活动时限

活动时限是指截止的日期，如比赛报名、邀请函报名或活动开始之前的时限。大型活动为了有效地筹备和开展活动，组织方通常会给自己一个活动时限，也就是距离活动开始还剩多少时间，或活动开始的倒计时，以便对活动进行管理。也有一些活动发出邀请函时即给对方一个回复的时限，如在什么时间内回复是否参加此次活动。

茶会活动地点选择

三、茶会活动地点选择

活动地点的选择与活动内容、活动目的息息相关，合适的地点可以让活动更好地开展，让活动目的最大化地得以实现。在选择活动地点时，需要考虑以下几个因素。

1. 规模大小

如果是大于 2 000 人的茶会活动，通常考虑小型体育馆或展馆；如果是 1 000～2 000 人的茶会活动，通常考虑礼堂或大型酒店；如果小规模的茶会活动，则可以考虑酒店、会议室、茶馆茶楼等。

2. 形式内容

如果是会议类的茶会活动，则安排在会议中心或会议室；如果是展销类的茶会活动，通常考虑展览馆；如果是竞赛类的茶会活动，通常考虑大型酒店、展览馆等空间较大的场所；如果是聚会类的茶会活动，通常考虑茶楼、茶馆或茶空间。

3. 位置交通

活动地点的位置和交通与参加活动的嘉宾有直接关系，如果是某企业、某组织的内部人员参与，就选择离单位近的地方；如果是全国各地的人员前来参加活动，则选择离机场或火车站近的地方；还可以按照商圈进行选择，成熟商圈附近的配套设施比较完善，交通也比较便利，更方便大家前来参加活动。

4. 天气因素

确定活动类型之后，需要进一步考虑天气情况对活动的影响。如果是室内活动，则需要考虑场地大小，空调的制热或制冷效果是否能够匹配人员数量。如果是室外活动，则需要考虑有无降雨，是否有遮阳遮雨设施，是否有备选场地等。

四、茶会活动参与选择

活动参与是活动策划中重要的组成部分，主要包括活动组织机构和活动人员。

茶会活动参与选择

（一）活动组织机构

活动组织机构是指活动的筹备、组织、策划和实施的委员会。根据在举办活动中的不同作用，一个活动的举办机构一般有主办单位、承办单位，大中型活动还有协办单位、赞助单位等。

1. 主办单位

主办单位是指拥有活动并对活动承担主要法律责任的单位，又称活动的发起方。一般由主办单位提供经费或组织发起活动，选择具体办事人员，监督活动的过程，完成活动的进程，同时获得活动的收益。主办单位一般有政府、企业、社区、团体等。

政府主办的活动主要是要收获社会效益，如传播茶文化、提升茶产业的发展以及文化交流等。企业主办的茶会一般是以经济收益为主要目的，如现代茶企新茶品上线举办的品鉴茶会、交流茶会等。社区或团体举办的活动也主要是以社会效益为主，多为丰富当地社会活动的内容，如传播某类文化等。

2. 承办单位

承办单位直接负责活动的策划、组织、操作与管理，是活动中核心的职能部门，它是活动

得以最终顺利举行的执行方。承办单位是由主办单位选择的具体承办机构，是有能力且愿意与主办方共同举办某项活动的机构或群体，一般由主办单位的下属部门或市场化的活动策划执行公司承担。承办单位是直接负责活动具体实施的单位，是根据主办机构的需求，结合其他利益相关方的需求，实现各利益相关者需求的平衡机构。承办单位的主要目的是增强本单位的影响力或获得收益，如主办单位的下属部门一般是为了茶文化的传播或增强影响力，活动策划公司的主要目的是获得收益。

3. 协办单位

协办单位是指协助主办或承办单位负责大型活动策划、组织、操作与管理，部分承担大型活动的招商和宣传推广工作的单位。协办单位一般会提供场地、人员或物料协助举办活动。协办单位参与活动的主要目的是增强行业影响力。

4. 赞助单位

赞助单位是为活动成功举办赞助资金、物料、器具等的单位。赞助单位可以通过活动提高其影响力，进而提升销售量，实现从“名”到“利”的转化。

（二）活动人员

活动人员是指根据活动的主题和目的确定的活动参加人员，按照群体属性可以分为观众和嘉宾；按照职责分为嘉宾、工作人员、媒体人员和观众。活动参与中的工作人员将在活动筹备中讲述，这里主要是指观众、嘉宾和媒体人员。

1. 观众

每一个活动都需要有观众，否则就是孤芳自赏的独角戏，换言之，举办活动的关键目的就是向观众传递信息和理念。当然，观众参加活动需要花费一定的时间成本和经济成本，好的活动则要保证活动中观众得到的收益大于花费的成本。

观众分为有效观众和无效观众。任何一场活动都有相应的目标观众群体，吸引目标观众群体是满足主办单位需求的重要因素，是达到活动目的重要因素，也是活动策划成功的关键因素。有效观众的数量越多，活动的成功率也就越高，在进行活动策划时，应保持有效观众群体达到30%以上。适量的无效观众则能够增加活动人气，活跃活动气氛，扩大活动的广告效应和知名度。

如何吸引观众来参加活动呢？这需要有吸引力的活动主题和活动项目。例如，举办中秋节前夕的月饼茶叶礼包展销会，有团购需求的公司采购就会前往了解；某电视剧使点茶成为热点，那么推出的以宋韵为主题的点茶活动会受到大家的热棒；在茶会活动或比赛中设置一些奖品作为吸引物，那么人们会被好奇心和利益心驱使而参加活动。

2. 嘉宾

嘉宾是活动中非常重要的人物，需要给予优待与照顾，如专车专机接送、宴请、住宿管理等。在活动策划现场，需要专门设立嘉宾席、嘉宾休息区，甚至需要安排工作人员保证嘉宾的安全。邀请嘉宾的作用有三点：彰显权威、名人效应和圈子联动。

（1）彰显权威

邀请嘉宾时，可以选择业内科研机构、政府机关、行业协会中的上级领导，从而体现活动的重要性、提升活动的权威性，吸引更多的茶友参与。如在2019年第四届全国茶艺职业技能竞赛中，邀请农业农村部人力资源开发中心的领导莅临现场并作讲话。

（2）名人效应

名人效应是邀请业界名人参加活动，也可以增强人气，如在2019年第四届全国茶艺职业技能竞赛中，邀请浙江农林大学教授、著名作家、茅盾文学奖获得者王旭烽莅临现场并点评赛事。

（3）圈子联动

圈子联动是指邀请业内或有相互联系的圈子内知名人物参与，提升整个活动的影响力，如在2019年第四届全国茶艺职业技能竞赛中，邀请海峡两岸茶业交流协会会长莅临现场并作讲话。

3. 媒体人员

媒体人员作为第三方机构，参与活动能够增加活动第三方关注度，让活动现场氛围更好；到场见证活动，使媒体报道更准确、高效；帮助宣传活动主题，传播活动内涵。

实训项目

【目的】掌握活动主题各要素的策划。

【资料】依照活动主题，确定活动主题要素。

【要求】制定本小组活动主题要素，包括活动名称、活动时间、活动地点、活动参与等，形成 Word 文档上交。

知识拓展

二十四节气与茶

2019年2月4日上午9:00，南翠屏公园学广艺院举办了第97场二十四节气茶会，即“立春·茶之源”主题茶会活动。

立春，二十四节气之首，揭开了春天的序幕。寒气渐消，天地回春，四季开始了新的轮回。立春作为每年的第一个节气，一般在公历的2月3日至5日之间变化。“立”为“开始”之意，古人以干支纪年，将“立春”作为新一年的起始，作为春天的标志。农谚有“春打六九头”“几时霜降几时冬，四十五天就打春”等说法。人们拜祭迎接掌管万物生长的春日之神句芒，是为“迎春”，鞭打春牛，鼓励农耕，是为“打春”，吃春饼、春卷和新鲜蔬菜，以发五脏之气，防病祛灾，是为“咬春”。

茶会活动上由天津中老年茶艺队队长总结并回顾了2018年学广艺院可圈可点的十大事件，并计划2019年认真研读茶圣陆羽的《茶经》，每个节气的茶会都一起学习其中的一个章节。此次茶会冲泡的节气茶是凤凰单枞，采用紫砂壶泡法，与会嘉宾一起品茶，气氛和乐融融。学广艺院为大家展示了为2019年第一个节气的茶会专门印制的七张首日封，七张首日封分别代表了不同的寓意，如图3-4所示。

茶会结束后，学广艺院校长和与会嘉宾合影留念。大家在首日封上签名，以作纪念。

图 3-4　二十四节气首日封

任务四　茶会活动项目策划

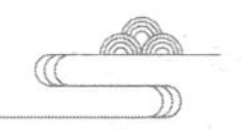

情境设置

2016 西湖国际茶文化博览会——清河坊民间茶会活动

活动时间:4 月 15 日—21 日。

活动地点:南宋御街步行区、清河坊历史街区、吴山景区、吴山广场。

主办单位:略。

活动内容:

(1) 宋史茶韵,展板展示南宋茶文化历史;

(2) 雅俗共赏,分为开幕式、美丽小茶人和欢乐闹茶肆。

(美丽小茶人中设计了宋代点茶和斗茶表演的项目,还包括茶百戏的斗茶盲评、品茶香、吃茶点、听戏曲等项目,欢乐闹茶肆有古街寻宝、老街问茶、汉服快闪)

(3) 茶品展销。

任务提出:根据案例可以看出,活动内容是活动中的主要部分,可由多个活动项目组成。活动项目是每场活动中参与者体验的主要内容,是一场活动的亮点和吸引点。活动项目有哪些类型?活动项目策划时需要考虑哪些内容?策划活动项目时可以参考哪些原则?

任务导入:收集相关茶会活动资料,思考如何策划本小组的活动项目。

茶会活动项目的类型

一、茶会活动项目的类型

活动项目是围绕活动主题设立的可参与体验的活动分支内

容，是一个活动的亮点和吸引点，是宾客参与体验的主要内容。活动项目的策划是活动策划的重要内容。

活动项目根据参与者的参与方式可分为欣赏类、参与类、竞赛类的活动；根据活动参与者参与方式人数也可以分为单人活动项目和多人协作活动项目。

1．欣赏类

欣赏类的活动项目是指通过视觉、听觉、味觉等进行体验的活动。

视觉观赏类的活动项目主要通过表演或者展示的形式展现，供参与者观赏。表演形式展现如茶艺表演、舞蹈表演、插花表演等，参与者可以通过视觉欣赏表演的美；展示形式主要是通过茶叶产品、茶器具、茶文化作品等展示供参与者欣赏，如茶博览会等。

听觉类的项目有乐器表演、诗词朗诵、音乐戏曲欣赏等，如在茶会雅集中，经常安排传统乐器表演，如琵琶、古琴、箫、古筝演奏。

味觉类的欣赏项目有茶类品鉴、茶点品鉴、茶调饮品品鉴等。

2．参与类

参与类的活动项目主要是让参与者参与体验的活动项目，如斗茶、茶艺体验、传统游戏、知识问答等。其中，斗茶体验主要是如传统南宋斗茶、现代斗茶，如评茶、猜茶等；茶艺体验有点茶体验、现代茶艺冲泡体验、创新茶饮品设计等；传统游戏有穿针引线、投壶、剪春、画九等；知识问答一般在茶推广的活动中，通常是茶相关知识的问答，可以让参与者掌握更多的茶知识。

3．竞赛类

竞赛类的活动项目可以分为益智类、竞技类、知识类等，其目的是激发参与者的积极性。可以在参与类体验的游戏项目或知识问答项目基础上，设计相应的竞赛规则和奖品，通过竞技的形式让参与者参与项目。例如，知识类的项目是按谁答对的题多谁获胜的规则进行，斗茶盲评中谁猜对的茶多谁获胜等。

以上活动项目在一场茶会活动中可以根据不同的活动主题进行设计。同一场活动中，设置不同参与形式的活动项目可以增加活动的趣味性，丰富参与者的体验，为参与者留下深刻的印象。

二、茶会活动项目内容

茶会活动项目内容

活动项目策划需要围绕活动主题进行设计，同时为了便于活动的实施，活动策划时需要对活动项目进行详细构思。一般情况下，活动项目需要明确以下几个内容。

1．活动简介

活动简介主要是对活动进行简单的概括，包括活动的意义、活动设计的初衷和活动的概况。

2．活动形式

活动形式是对活动组织形式的概括，便于活动执行者快速捕捉活动信息，如是欣赏类、参与类还是竞赛类的项目。如果是参与类或竞赛类的项目，需要列出活动的参与规则或组

织办法。

3. 活动物料

活动物料是指列出这个活动项目需要的物料有哪些，方便组织者准备。如斗茶比赛需要斗茶器具、桌椅等物料，画九游戏需要提前准备画九的图案和彩笔等。

4. 参与人数

参与人数是指本项活动可以参与体验的人数，如一些斗茶比赛，每次可以有5～6位茶友一起参与比赛；一些知识问答型的活动每轮可以有10人参与回答问题。这些都是活动策划者根据活动的情况或活动的规模提前设计好的。同时，也要考虑完成活动项目需要几位工作人员协助。

5. 活动场地

活动场地是指这个活动需要的场地有多大，如有些游戏类的活动项目，需要参与者在场地内活动，那么活动场地就要比较大。场地布置舞台和茶席时就要考量如何协调活动场地，活动举办方也可以根据活动场地考量活动组织的可行性。

6. 活动时长

活动时长是指活动项目一轮需要多长时间。明确活动时间有利于活动组织，也有利于活动组织者安排总的活动时间，如一轮知识问答需要5分钟，一个剪春活动需要15分钟等。

看图猜茶

1. 活动简介

根据图片的提示猜出相应的茶名，一分钟内猜出最多者获胜。

2. 活动形式

竞技类，同样时间内猜出茶名最多者获胜。

3. 活动物料

茶相关图片若干、投影或计算机。

4. 参与人数

单人参与挑战，每轮可以有5人参加。

5. 活动场地

不限。

6. 活动时长

每人1分钟，每轮5分钟。

三、茶会活动项目策划原则

茶会活动项目策划原则

如果将活动主题比喻为活动的灵魂，那么活动项目就是活动的血肉。活动项目的设立可以让整个活动更加饱满、有趣和生动，对活动取得良好的效果十分关键。活动项目在策划时应遵循以下原则。

1. 符合主题

活动项目策划的首要原则是符合活动的主题，也就是所有的活动项目设计需要围绕活动的主题来设定，不能脱离活动主题。茶会活动一般是围绕茶来设置活动，因此活动项目设置时，不论是欣赏类还是参与类的活动，都需要与茶紧密结合。如 2022 年浙江旅游职业学院全民饮茶日期间举办的游园茶会，将茶文化推广和茶趣游戏活动结合，吸引了大家的关注和参与。

2. 具有创新性

活动成功举办需要吸引嘉宾、观众前来参加，因此活动项目设计时需要与众不同，具有创新性。只有和别的活动有所不同，才有可能吸引嘉宾来参加，创新性是每个活动探讨最多的话题。在茶会活动中，茶品选择、每个活动项目的设计都需要有所创新，才能提高活动的吸引力。

茶会链接 3-1
全民饮茶日游园
茶会方案

3. 具有体验性

一场活动若想给观众留下深刻的印象，必须让人们参与进来。只让人们看看是远远不够的，不能给参与者留下深刻的印象。如果让观众参与其中，并能在体验中收获知识、感悟等，便可以引起观众的心灵共鸣和深刻记忆，才会让他们喜欢并传播活动或品牌。

4. 具有效益性

活动设计时要符合绿色发展理念，并传播优质文化，且每个项目的执行必须在可控的经济预算内，也就是要符合经济效益、社会效益和环境效益。

5. 具有可操作性

活动项目设计好后，需要进行分析，进行活动的可行性研究，明确活动组织方式，确定活动规则可行，活动物料是否齐全，活动经费是否充足等，并对活动进行模拟执行，证明活动是可操作的，才可以真正付诸实践。

6. 具有丰富性

一场成功的活动，其活动项目应该是具有丰富性的，而且是动静结合、参与性和欣赏性结合的，这样才会吸引观众，并为之留下深刻印象。如 2022 年浙江旅游职业学院全民饮茶日茶会，活动内容丰富，活动设置了六个茶席，每个茶席代表一个茶类，推广茶类知识，每个茶席上都有茶艺师安静地进行茶艺展演；同时，也有趣味性强、参与性强的茶趣活动，让大家在参与中留下深刻的印象。

四、茶会活动项目设计流程

活动项目设计是围绕主办方的活动目的、活动主题策划活动项目，并选择活动项目，完善活动项目的过程。活动项目设计流程一般包括创意风暴、创意遴选、创意完善、创意模拟。

1. 创意风暴

首先是创意风暴，在活动主题、活动目的、活动背景等相关要素的指导下，策划小组成员

将所有想到的创意集中起来，不断挖掘新的点子和激发新创意。创意风暴是发散思维的过程，重要的是发散性联想，努力发掘事物不为人知的一面。这种联想是非常随机的，不受任何条件约束，只管将头脑里的想法说出来，大家都不作评价。同时，团队中需要有一人将所有点子记录下来，最后对大家的点子进行整理。创意风暴是一场成功活动的基础。

2. 创意遴选

创意风暴之后就是创意遴选，是指在经历了前面的发散性联想之后，对活动项目已形成一些初步的想法，接下来就需要进入理性思维的过程，对创意进行选择。创意遴选阶段需要对活动主题和主办方的活动目的有足够的了解，并充分结合主办方的活动资源，综合考量这些活动项目，筛选最符合活动目标的项目。

3. 创意完善

在创意遴选出活动项目之后，接下来是创意完善。一个活动项目要顺利执行，还需要不断的思考和完善其细节，思考活动的基本情况、组织形式、活动规则、活动物料、所需人员、参与人数、活动场地、活动时长等，如果是竞技型的活动，还需要考虑活动奖励。这些因素都需要综合考虑。

茶会活动项目——“卧底找找找”

活动情况：模仿“谁是卧底”的游戏，将所猜词语变成相近的两款茶名，通过游戏加深茶友们对茶的认知。

活动形式：竞技类项目。

活动规则：现场选拔5名以上的茶友，由主持人发放茶名卡片，茶名卡片上有两种相关的茶名(茶名最好是一类或相近的两款茶)，其中一人拿到的茶名卡片与其他人的不同。

茶友每人说一句话描述自己拿到的词语，不能直接说出那个词语，既不能让卧底发现，也不要给同伴暗示。每轮描述完毕，场上的人投票选出怀疑是卧底的那个人，得票数最多的人出局，平票则进入下一轮描述。

一轮结束，再进行下一轮，规则同上。

若最后仅剩三人(包含卧底)，则卧底获胜；反之，则其他人获胜。

活动物料：茶名卡片(茶名卡片也可以贴有相应的干茶图片)。

活动人员：工作人员2名，活动参与人员5～8名。

活动场地：不限。

活动时长：5分钟1组。

备注：每组游戏结束后，为大家科普茶名卡片上茶叶的理论知识。

茶会链接3-2
活动项目案例

4. 创意模拟

创意模拟是将活动项目从策划推向执行的过程，是活动细节设计好以后的试行阶段。模拟过程中，通过将设计好的活动模拟展示一遍，来观察整个活动的环节设计、物料准备、展示方法和手段等还存在哪些问题，如果有问题及时完善和补充，争取达到最佳的效果。创意模拟是活动项目顺利进行的关键，每个活动项目设计好后都需要模拟一遍，这样活动执行者才会做到心中有数。

实训项目

【目的】理解活动项目的类型，掌握活动项目的策划原则，掌握活动项目设计流程。

【资料】本小组茶会活动的主题及相关茶会活动资料。

【要求】根据本小组活动的主题，结合活动项目策划的原则和策划流程，设计本小组的活动项目。

知识拓展

茶与琴、香

文人雅集除吟诗作画外，不可缺少的还有品茗、焚香、抚琴。宋人有记曰："崇宁四年立春日，会德夫西轩。风回气暖，日转窗明，竹影动摇，梅花凌轹。德夫烧御香，觉夫点团茶。听美成弹《履霜操》，相顾超然，似非人间。"在物质生活条件达到一定程度后，精神生活更需要充实完美。在如此优雅的环境和气氛之中，忘掉六根事，身心全解脱。

闲处于明窗净室之间，燃点沉香于宣炉之内，分茗茶于瓷瓯之中，大可怡情养性。明人所作《茗谭》云："品茶最是清事，若无好香在炉，遂乏一段幽趣；焚香雅有逸韵，若无茗茶浮碗，终少一番胜缘。是故，茶、香两相为用，缺一不可，飨清福者能有几人？"倘若多人茶会于楼堂馆所，会使书童杂役忙活一阵子。画面所示二人备茶、一人备香，仿元人《听琴图》局部笔意。

（资料来源：范纬．茶会流香：图说中国茶文化[M]．北京：文物出版社，2019.）

项目四

茶会活动营销策划

知识目标

※ 理解活动营销的本质及目的,设计本小组活动营销策略。

※ 选择适合的营销方式,对本小组活动进行推广。

素质目标

※ 学习茶会活动营销新模式,培养创新能力。

※ 分析网络媒体存在的问题,培养实事求是的职业道德行为。

任务一 茶会活动营销策划概述

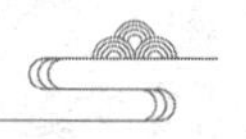

情境设置

第六届中华茶奥会2019年11月8日在杭州龙坞茶镇开幕

中华茶奥会是我国首个以茶为主题的奥林匹克盛会,也是杭州茶界的一件大事,旨在弘扬推广茶文化,提升人们的生活品质,丰富人们的精神生活。

2019年11月8日,第六届中华茶奥会在杭州市龙坞茶镇开幕,主题为"科技茶奥、品质茶奥、人文茶奥、活力茶奥、时尚茶奥"。本届茶奥会由杭州市人民政府、中国国际茶文化研究会、中华全国供销合作总社杭州茶叶研究院、浙江大学、中华茶人联谊会共同主办。

2018年以来,杭州市把茶奥会作为重点经典主题茶事进行升级打造。第五届中华茶奥会规格高、规模大,在国内外产生了重大影响,8大赛事吸引了18个国家的1 500多名参赛者,为百余家茶企完成了品牌培育与增值。

在中华茶奥会开始前,8月26日主办方召开了新闻发布会。"第六届中华茶奥会将在坚持往届好做法的基础上守正创新,有亮点值得期待。一是赛事活动再开放,茶奥会将进一步提高国际性,邀请部分世界主要产茶国和消费国选手参赛;二是赛事内容再丰富,将重磅推出10大赛事,60余个项目。除了经典的8大赛事,也有根据新的消费需求设置的茶叶包装和抹茶产品的比赛。此外,茶奥会组织机构也更加规范、赛事保障更圆满、赛事成果更权威,并组织一次'茶与健康'高层次论坛。"第六届中华茶奥会组委会主席、中国国际茶文化研究会常务副会长孙忠焕说,第六届中华茶奥会将是参加选手范围更广,赛事活动全面丰富、最有影响的茶界奥林匹克竞赛盛会。

"本届茶奥会,我们将继续围绕延续往届'5+X'标准赛事的设置,设立涵盖茶技艺、茶科技、茶品质、茶文化、茶时尚等的11大赛项。"茶奥会组委会秘书长王岳飞介绍说,今年大赛还增加了抹茶产品赛和茗扬蓝天——空乘人员茶事礼仪赛。特别是在茶艺大赛中,将采取全新的赛制,以职业比赛与"综艺秀场"相结合的形式,增加比赛趣味性。

“中华茶奥会的举办有利于弘扬‘茶为国饮’，建设‘杭为茶都’；有利于带动茶旅游经济的发展，契合了杭州建设‘东方休闲之城，品质生活之都’的城市定位。”杭州市茶文化研究会会长何关新表示，今年是新中国成立70周年，也是全面建成小康社会关键之年，而茶作为杭州独特的城市印记，是提升中国魅力和国际影响力的文化标识，通过举办中华茶奥会，让民族文化转变为经济的推动力，促进国际经济贸易合作，更大范围地谋求人民的健康和福祉。

任务提出：通过案例看出，距离第六届茶奥会召开还有几个月，主办方就召开了新闻发布会。那么，召开新闻发布会的目的是什么？活动本身需要进行营销推广吗？活动营销推广的本质和目的是什么？营销的内容、营销的方式和营销渠道有哪些？

任务导入：根据活动营销策划，设计本小组活动的营销推广方案。

一、茶会活动营销概述

茶会活动营销概述

活动营销具有宏观和微观两种含义。宏观意义上的活动营销是指机构以活动为载体来进行营销，通过介入重大的社会活动或整合有效的资源策划和组织大型活动，迅速提高企业及品牌知名度、美誉度和影响力，促进产品销售的一种营销方式。如很多企业采用品牌活动、促销活动、公关活动、赞助活动、参展活动等，对企业、品牌或产品的形象进行宣传和销售促进。

微观意义上的活动营销是把活动本身营销出去，即活动的主办方或承办方通过策划、组织和利用具有新闻价值的事件，吸引消费者、媒体、公众的注意和参与的营销方式。本书中的活动营销是指微观意义上的活动营销，也就是把茶会活动本身营销出去。

（一）活动营销的本质

由于活动的本质是“参与”，因此，活动营销就是“创造参与”的营销方式。“创造参与”是活动的主办方或承办方与活动参与者持续沟通互动，了解并满足参与者需求的过程。要做好活动营销，需要考虑以下三个问题。

1. 谁来参与

谁来参与，是指参与的主体，即这个活动是办给谁的，这个活动的目标市场是哪类人群，要实现这类人群多大程度的参与。只有明确了目标市场，才会了解目标消费市场的需求，在进行营销的时候才会有的放矢，有针对性地去宣传和推广。

2. 参与什么

参与什么，是指参与的对象，即这个活动是什么样子的，参与者是如何参与其中的，是仅观赏还是可以互动体验，参与活动涉及哪些环节，也就是活动中有哪些好玩的地方或节目。这些内容都是消费者关注的问题，只有这些内容明确了，他们才会考虑是否参加。

3. 为什么参与

为什么参与，是指参与的价值，即参与者为什么要参与这个活动，活动给予了参与者哪些价值（如娱乐、教育、美学价值等），这些价值是如何在活动开始之前传播给潜在的参与者并打动其内心的，又如何在活动参与中真正传递这些价值。通过了解这些内容，营销者在宣传的时候会有针对性地突出这些参与的价值，让消费者一目了然，最终促使他们前来参加。

（二）活动营销的目的

1. 提高利益相关者的知名度

活动营销可以通过创造消费者的参与，提高活动主办方、承办方以及赞助商的知名度。

2. 了解消费者需求

活动营销过程中可以调研消费者的心理需求，进而满足消费者对活动项目的需要。

3. 提高活动的影响力

活动营销的最终目的是提升活动的影响力，让更多的人来参加此次活动，并由此实现活动效益。

二、茶会活动营销策划

茶会活动营销策划

活动营销不是张贴广告那么简单，其关键是了解目标市场，即谁可能会参加活动，他们居住在哪里，将如何被影响而参加活动，可以运用哪些策略来让潜在的活动参与者了解活动并且被吸引到活动中。

因此，活动营销就是通过各种沟通媒介和方式，围绕活动项目的卖点进行推广和促销，将活动项目的形象和内容传递给潜在的活动参与者，使他们做出购买决策并且实际购买此次活动的门票。

我们可以采用分阶段的活动营销策略，包括活动营销前期策划阶段、中期策划阶段和后期策划阶段。

（一）活动营销前期策划

活动营销策划的第一阶段是前期策划，即活动的预热启动阶段。该阶段是在活动方案（也就是活动的主题、时间、地点、活动项目等）确定好后，为了提高知名度和吸引消费者的参与而进行的营销策划。

1. 营销目的

活动前期营销的关键目的是预热市场，通过发布活动信息，将活动预热，达到一个小高潮。

2. 营销内容

该阶段营销的主要内容可以是活动主题、活动时间、活动地点、活动项目或活动亮点、活动奖励等。

3. 营销方式

大型活动可以运用召开新闻发布会、设计活动的主题歌曲、设计活动吉祥物等方式，小型活动可以运用发放邀请函、制作活动海报、写推广文案、发布朋友圈等方式。

4. 营销渠道

可以选用的营销渠道有网络媒体、社交媒体、平面媒体、公告关系管理等。

网络媒体有网站(官网)、网络电视、博客/播客、视频、网络杂志/电子杂志。

社交媒体有微博、微信等。

平面媒体有纸质媒体、户外广告、邀请函、海报、横幅等。

公共关系管理如召开新闻发布会。

(二)活动营销中期策划

活动营销策划的第二阶段是中期策划。在活动执行过程中,有很多的亮点信息可以及时传播出去,这样会起到更好的效果,因此又称爆发高潮阶段。

1. 营销目的

在广告宣传的刺激下,让目标群形成强烈的印象,维持相对稳定的关注度,最好在活动开始当天达到最高的关注度。

2. 营销内容

该阶段营销的主要内容可以是活动当天信息的详细报道,如活动议程、活动议题、出席领导和嘉宾、活动实况、社会反响等,尽量突出活动的亮点。

3. 营销方式

该阶段可以选择的营销方式有直播营销(视频直播、图片直播等),也可以通过不同媒体进行报道。

4. 营销渠道

直播报道,可以选择一些直播的平台,对活动现场进行图文直播报道。

电视媒体,如广播电台、电视台等。

网络媒体,如官网、社交媒体(如微博、微信、抖音、小红书等)。

平面媒体,以纸质媒体为主,可通过开辟专栏、专版和举办专题访谈等方式进行。

(三)活动营销后期策划

活动营销策划的第三阶段是后期策划。活动执行结束不意味活动完全结束,还需要对活动持续报道,又称延展持续阶段。

1. 营销目的

跟踪报道主要以宣传活动的成果,延伸活动的实际效果、拓展活动收益、建立品牌忠诚度为目的。例如,企业在举办促销活动之后,通过走访客户来提高忠诚度,并获得活动目标群体对活动及产品的反馈意见。

2. 营销内容

该阶段的营销内容可以有活动成果、活动亮点、活动新闻、舆论评价等,通过延伸活动的实际效果,建立品牌忠诚度。

3. 营销方式

该阶段可以选择的营销方式有新闻稿、推文、活动短视频等。

4. 营销渠道

电视媒体如广播电台、电视台。

网络媒体，如官网、社交媒体（微博、微信、抖音等）、微信公众号等。

平面媒体，以纸质媒体为主，可通过发布新闻稿、开辟专栏或专版、举办专题访谈等方式进行。

活动营销的延展持续阶段经常会涉及新闻发布稿的撰写，对一般活动而言，需要活动组织者向媒体供稿。为了更好地推广活动，新闻发布稿需要遵循以下撰写原则：

（1）首句引起读者的关注和兴趣；

（2）交代活动的基本情况，包括活动的时间、地点、原因、主要事件等；

（3）言简意赅；

（4）描述活动的潜在收益或实际影响；

（5）必要时提供联系方式；

（6）图片应加标题。

实训项目

茶会链接 4-1
龙坞茶镇活动
宣传推广方案

【目的】掌握活动营销策略。

【资料】本小组在项目三中任务三、任务四部分的资料。

【要求】围绕项目三中任务三、任务四部分的资料，设计活动营销的传播方案，进行活动项目的营销推广。

知识拓展

普洱茶的活动营销案例——“马帮进京”

活动背景：2005 年，普洱茶受到越来越多人的关注，在采用了原始的以拍卖为主要事件的营销手段之后，普洱茶的市场营销需要一次规模较大的事件来推动其发展。此时，茶马古道被许多媒体及书籍提及，越来越多的人开始关注茶马古道与普洱茶文化。在云南较为偏僻的少数民族地区，还能见到马帮这种原始的运输商品的方式，而现代社会已经基本以汽车、火车、轮船、飞机等为主要运输工具。马帮这种原始的运输方式如果重现在现代化的道路上，如同从原始森林进入钢筋混凝土的世界中，将会造成巨大的反差和冲击。普洱茶曾经作为贡茶，从遥远的云南进入皇宫，重走这条道路，不仅能向广大人民宣传普洱茶的历史，还能借助过程中的各种活动推广普洱茶。这正是当时普洱茶市场所需要的事件，“马帮进京”应运而生。

活动经过：2005 年 5 月 1 日，一支由 120 匹马、43 名赶马人、20 多名管理和后勤人员组成的马帮，从云南出发，他们打着“云南普洱·瑞贡京城”的旗号向北京进发。43 名赶马人来自云南的 9 个少数民族，120 匹马分别来自易武、怒江、墨江、丽江、腾冲、施甸。经过 5 个多月的长途跋涉，穿过云南、四川、陕西、山西、河北等地，马帮于 10 月 10 日进入北京地界，行程 8 000 多公里。这支驮着普洱茶的马帮从出发开始，5 个多月的时间里受到了全国各地媒体及市民的极大关注，成为当年最为热门的新闻事件之一。

活动影响：原始和现代的激烈冲突，在这次“马帮进京”的活动中被表现得淋漓尽致。“马帮进京”之所以能保持较长时间的关注度，在于它是一个持续动态的过程。这个事件可以预测结果，但不能预测过程，留下了更多的可供大众想象和谈论的空间。这样一个人为的事件，就像奥运火炬的传递一样。媒体的持续关注也将这一活动的影响充分放大。“马帮进京”不仅是走完这一段路程，而且在这个过程中不断地延伸出各种普洱茶的推广活动。这些推广活动有的是有意为之，有的是无意为之，参与的人数随着活动被关注的程度的提升而越来越多。人们关注的是马帮，而落到实处的是普洱茶。如果说“普洱茶”这三个字在很多地方是陌生词语，那么“马帮进京”之后，这三个字迅速成为人们口头上的热门词语之一。

任务二 茶会活动营销方式与技巧

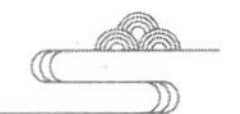

情境设置

首个国际茶日的活动方案

2019年11月27日，联合国大会第74届会议通过决议，将每年5月21日确定为国际茶日。为庆祝首个国际茶日，营造有利于茶文化传播、茶产业发展的浓厚氛围，特制定本活动方案。

一、活动时间

2020年5月18—24日。

二、活动主题

围绕“茶和世界 共品共享”主题，传承弘扬茶文化，交流分享茶产业发展经验，提高社会各界对茶产品的接受度和认可度。

三、活动方式

充分体现“创新、务实、专业、合作”的活动特色，开展系列线上活动，将首个国际茶日办成“数字茶日”“云上茶日”，实现“线上逛、云上购”。

四、举办单位

主办单位：农业农村部、浙江省人民政府、联合国粮食及农业组织(FAO)。

承办单位：……

合作单位：……

五、活动内容

1. 茶宣传

邀请农业农村部领导、浙江省领导、FAO总干事、世界主要产茶国农业部部长等录制致辞视频，邀请知名茶专家、文化名人、茶叶主产区政府领导、跨国茶企负责人录制茶知识、茶文化和茶产业相关视频，商请FAO在华聘任国际茶日推广大使并拍摄公益推广短片，通过相关网站和新媒体投放；商请中国邮政集团有限公司发行国际茶日纪念明信片；协调《农民日报》开辟首个国际茶日专版，联系农影中心制作国际茶日专题节目，协调其他主流媒体同步报道。

2. 茶扶贫

与知名企业合作组建世界茶日爱心助农团，进行贫困地区优质茶品直播带货，邀请贫困地区政府领导为当地茶叶代言；开展涉茶创业群体就业技能线上培训，助力重点产茶贫困地区经营户学习应用线上运营流程，分享新技术新产业，实现脱贫增收。

3. 茶体验

组织名茶产区拍摄代表性茶园风光、茶风茶俗、制茶工艺等短片，在茶博会网、农民日报网、农视网等在线开辟茶事体验专栏；推动旅游服务平台上线更多茶相关生态观光旅游景点、周边民宿，带动城镇居民赴茶乡赏美景品美食；推动品牌茶馆开通线上门店直播，让更多消费者在线体验茶生活。

4. 茶消费

联合知名企业设立国内重点茶区、国际产茶大国线上茶品专区，鼓励特色优质茶饮品茶美食商户入驻，并开展形式多样的促销活动；组织开展评价活动，助力打造有信誉的线上茶品茶店品牌。

任务提出：从国际茶日活动案例中可以看到，活动通过网络平台进行了传播。活动在传播时，需要借助媒体的参与和报道，在面对众多媒体资源时，如何选择营销方式？常用的社交媒体和平面媒体应该如何运用？

任务导入：选择本小组的营销方式，为本小组的活动设计海报和推文。

一、茶会活动营销方式

根据报道类型可将活动营销方式分为电视媒体、平面媒体、网络媒体、社交媒体、直播媒体等。

茶会活动营销方式

（一）电视媒体

电视媒体是指以电视为宣传载体进行信息的传播的媒介或平台，包括中央电视台、各省级卫视、地方电视频道等众多的电视和广播媒体资源。

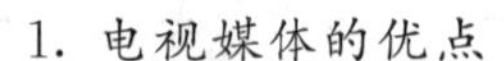
1. 电视媒体的优点

（1）主流媒体的权威性

与其他媒体相比，电视媒体具有更长的历史，在电视上播出的新闻都必须经过严格的审核，因而在大众心目中具有更高的权威性。信息通过网络媒体传播时，可能有许多人会对其真实性持怀疑态度，但如果电视媒体尤其是央视和省级卫视进行报道，人们就不会质疑。

（2）信息传播的及时性和重要性

电视媒体的信息传播比较及时，尤其是新闻报道。同时，电视台播出的新闻信息都是经过筛选的，能够帮助人们过滤无关紧要的消息。

（3）传播画面直观易懂，形象生动

电视媒体视、听信息十分直观，生动形象，画面冲击力强。

（4）传播覆盖面广，受众不受文化层次限制

电视早已普及千家万户，无论男女老少都可以无障碍地通过收看电视节目来获取信息。

2. 电视媒体的缺点

电视媒体制作、传送、接收和保存成本相对较高,营销成本较高。同时,电视媒体信息传播转瞬即逝,难以保存,查找也不太容易,必须在短暂时间内给观看者留下深刻印象。

(二)平面媒体

平面媒体是通过单一的视觉维度传递信息的载体,是以画面或版面为载体发布新闻或者咨讯的媒体,如报纸、杂志、海报、传单等。

1. 平面媒体的优点

(1) 新闻刊登在报纸或杂志上,资料保存性强,可供反复查阅。

(2) 受众接受信息时不需要借助任何工具和设备,只通过看图或阅读就可以获取信息。

2. 平面媒体的缺点

(1) 关注度不高,易被读者忽略。

(2) 要求受众有一定的文化程度。

(3) 时效性差。

(4) 印刷复杂、成本高。

茶会活动中平面媒体宣传一般采用邀请函、海报、报纸、书刊等。邀请函和海报应用相对较多,如图 4-1 为端午茶会邀请函。

图 4-1　端午茶会邀请函

(三)网络媒体

网络媒体是通过计算机网络、无线通信等渠道,以及计算机、手机、数字电视机等终端,向用户提供信息和服务的传播形态。网络媒体又可细分为门户网站（官网）、网络电视、博客/播客、视频、网络杂志/电子杂志等。

1. 网络媒体的优点

（1）门户网站的权威性

门户网站具有一定的权威性，其报道的信息会让人觉得更真实可信。企业和品牌方将重大事件、重要信息以新闻稿件的形式通过网络媒体平台发布出来，可以获得大众更多的信任。

（2）信息发布的及时性

电视媒体发布新闻报道需要放进相应的栏目中，而每个栏目都有其固定的播出时间。平面媒体上刊登新闻需要时间来排版和印刷。这两种媒体平台都不能保证信息被快速地发布出来。而网络媒体则没有这些限制，媒体记者只要拿到新闻稿件，几分钟就可以将它们发布到网上。因此，网络媒体的信息发布具有较强的即时性。

（3）信息传播的广泛性

在当今这个网络时代，网络媒体平台上聚集着最广大的阅读者。他们人数众多，对感兴趣的信息乐于评论和转发，能够让信息更加广泛地传播。同时，网络上广泛的传播不会受到地域的限制。

2. 网络媒体的缺点

（1）抄袭复制现象严重，容易侵犯知识产权。

（2）普通网络信息可信度相对较低，可靠性和准确性不如权威报纸和电视台。

（3）垃圾信息泛滥，不易获取有效信息。

（四）社交媒体

社交媒体是人们用来创作、分享、交流意见、观点及经验的虚拟社区和网络平台。我国社交媒体经过多年的发展，类别多样，主要有论坛、微博、微信、QQ、短视频 App、小红书、大众点评、淘宝等。社交媒体营销就是借助这些平台倾听用户的声音，与用户交流互动，宣传自己的产品，在潜移默化中影响客户，最终达到营销的目的。

1. 社交媒体的优点

（1）可以满足企业不同的营销策略

社交媒体作为一个不断创新和发展的新事物，正被越来越多的企业尝试运用，能够满足多种多样的营销策略。

（2）可以降低品牌的营销成本

社交媒体的“多对多”的信息传播模式具有更强的互动性。社交媒体的用户更乐意主动进行信息的获取和分享，有更强的参与性、分享性与互动性。因此与传统营销形式相比，无须大量的广告投入，媒介传播的价值却不会打折扣。

（3）实现目标用户的精准营销

社交媒体中的用户通常不是陌生人，实名注册让用户数据更真实，企业在进行营销的时候可以很容易对受众按照地区、收入等进行筛选，选择自己的目标群体，从而有针对性地与潜在消费者进行互动。

（4）符合网络用户需求

社交媒体符合网络用户的真实需求，即参与、分享和互动。它代表了网络用户的特点，也符合营销的新趋势。文章分享、视频转发、结交新朋友都能在社交平台上体现，并与他人分享感受。只有符合用户需求的营销模式才能帮助企业发挥更大的作用。

2. 社交媒体的缺点

（1）内容雷同且粗制滥造

社交媒体的门槛较低，充斥着大量的广告，数量庞大，内容单一且雷同，用户很容易产生审美疲劳，对这样的营销内容选择视而不见。社交媒体上文案写作质量参差不齐，很多内容粗制滥造，有些甚至触及道德和法律底线。

（2）获取用户信息涉及隐私

社交媒体营销主打的是精准和互动，为了达到精准营销以及与用户产生良性互动，就要获得用户信息，如性别、电话号码、位置等。在营销过程中，社交媒体让渡给广告商的是用户的个人注意力，包括用户的个人信息，而个人信息被倒卖的案例不在少数，这无疑会造成用户隐私的泄露，造成用户体验感的降低，这也成为社交媒体的一种弊端。

（3）易造成社交骚扰性营销

很多人依靠不断在社交媒体发展好友进行营销，使社交媒体具有骚扰性。社交媒体上的骚扰性营销广告会造成用户的反感，直接或者间接影响品牌的声誉和形象。

（五）直播媒体

直播媒体是指在现场随着事件的发生、发展进程同步制作和发布信息，是具有双向流通的信息发布方式。直播分为文字图片直播和视频直播。传统电视台多以视频直播为主，网络时代多以图文直播为主，移动互联网时代文字、图片、视频皆可实现直播。常见的直播平台有斗鱼直播、虎牙直播、YY 直播、抖音直播等。

1. 直播媒体的优点

（1）压缩时空

不管相隔多远，都可以通过直播观看活动现场，打破时空限制。

（2）即时性

在时间上，直播是与实际活动同步的，其所具有的即时性是其他宣传方式不具备的，真正做到了第一时间将信息和影像传播出去。

（3）互动性

在直播的过程中，观众可以通过评论、点赞等方式与活动现场进行互动。

（4）可回溯性

直播结束后，图文影像都可以保存在网络上，供随时查看。

（5）成本低

对普通活动来说，一台手机就可以进行直播，成本较低。

2. 直播媒体的缺点

直播媒体虽然带来了新行业的繁荣，却因为管理不规范引发了很多新问题，甚至有人直播一些不文明的行为。这些不符合国家规定的行为严重影响了直播行业的健康发展。此外，由于门槛低，直播内容同质化比较严重，在利用直播媒体进行营销时要注意选取合适的内容。

二、海报设计技巧

海报设计技巧

（一）海报布局设计要点

1. 内容决定布局

在设计海报前，应先确定海报要突出的内容，然后根据内容进行结构的搭建，再进行色彩的选择，最后对细节进行处理。设计时要注重形式与内容的统一，采用不同的形式来突出主题内容，形成一个既有内容又独具风格的海报，如图 4-2 所示为浙江旅游职业学院茶文化学子设计的谷雨采茶活动海报。

图 4-2　谷雨采茶活动海报

2. 色彩和布局注重整体性

海报的整体性不仅体现在展示内容的统一，还包括色彩和布局的整体性。强调色彩布局的整体性，就是要先着眼整体，然后进行内容或者功能区块的划分，最后回归整体进行统筹，避免产生杂乱无章的感觉，使受众在享受美的同时更加全面快速地了解海报所要突出的内容，传递给受众一种和谐完整的美感。在强调海报色彩和布局的整体性时应随机应变，避免由于过分强调海报的整体性而导致页面沉闷、呆板，如图 4-3 所示为全民饮茶日游园茶会海报。

图 4-3　全民饮茶日游园茶会海报

3. 注重为受众服务

海报设计的另一个要点就是根据海报内容与用途来确定设计理念，注意为受众服务，如企业海报要强调其产品的展示，公共型的海报就要突出形象和权威性等。

（二）海报设计用色技巧

1. 根据海报特征选色

不同海报的功能、性质、用途和服务对象不同，应根据海报的特征进行针对性的合理的选色，即特征选色。例如，成熟产品的宣传海报要选择比较稳重的颜色，以表达品牌的内涵和良好的产品品质。

2. 根据观众需求选择色彩

海报传达信息的受众和服务对象千差万别，不同的企业类型所针对的客户群体不同，不同消费群体、不同学历、不同专业和不同年龄段的人群对色彩的认知也不同，海报色彩选择要根据服务对象和客户群体的特点进行。

通俗来说，就是根据海报内容的主要浏览人群来确定海报设计需要的颜色。例如，中老年人一般喜欢颜色较为稳重、灰暗的颜色，所以针对中老年群体的海报要选择他们容易接受、比较怀旧的颜色；而年轻的消费群体喜欢接触新鲜事物、喜欢浪漫，针对年轻消费群体的海报应选择较为绚丽或者令人积极向上的色彩。

用色技巧方面，因配色过程要照顾到页面颜色的整体性，所以配色可以根据色相来进行。以色相为基础的配色是在色相环的基础上进行选择的，定好主色调后，选择色相环上临近的色彩进行配色，可以给受众带来稳定和统一的感觉。可使用统一色相配色法，主要依靠控制一种色彩明度和纯度的变化来进行，由于这种方法只有一种颜色的变化，所以可以给人传递和谐、稳定、整体的感觉。明度差别较小的颜色变化，会使页面产生稳定统一而又单调沉闷的感觉，明度差别较大的颜色变化则会使页面显得活泼、靓丽。

此外，还可以使用对比色相配色，又称相反色配色。对比色是指色相环中两个距离较远的颜色，这种配色方式因为采用了对比强烈的色相，颜色差异较大，可以传达给受众一种强烈的变化感。但在使用这种配色方式时要避免采用高纯度的对比色进行搭配，否则会给人一种十分刺眼的感觉，如必须使用应先降低颜色的明度和纯度，以缓和色相的冲突。

（三）海报设计常见问题

1. 布局凌乱

在海报布局方面，许多海报设计虽然表面简洁，将海报需要表达或者突出的内容放在显眼的地方，但是实际由于各种信息布局其中，存在凌乱感。

2. 信息繁杂

为展示更多、更丰富的信息，许多海报设计存在区块较多、信息繁杂的问题。人们通过海报获取信息时，经常是在等车、散步等闲暇时间观察那些让人眼前一亮的海报，而信息庸乱的海报，会使人感觉繁杂，视觉疲劳。

3. 核心内容不突出

有些海报设计为突出设计风格或者设计特点，会忽视该海报的主题。这种为追求感官刺激选用具有强烈刺激色彩的海报，会造成海报内容的冲突，造成视觉效果上的混乱，即使通过优秀设计吸引了客户，也无法实现广告宣传的目的。

三、微信公众号的推文制作

微信公众号的推文制作

微信是目前比较常见的社交媒体，也是信息传播推广中比较迅速和有效的方式，因此茶会活动的前期营销推广、中期的活动直播和后期的活动总结等都可以用微信推文、朋友圈或视频号进行。优秀的微信推文可以快速吸引受众的眼球，引起参与的兴趣，起到非常好的宣传推广效果。微信推文的制作对内容等要求很高，只有丰富的、有趣的内容才能吸引用户，且微信推文的制作必须把握好内容定位，确保自己推送的内容是符合活动要求的、有价值的。一般来说，微信公众号的推文制作主要包括以下内容。

（一）文章标题编辑

一个好的标题是吸引关注的重点，因此制作微信推文时，一定要仔细选择文章的标题。

1. 推文标题的字数

推文标题在未点击之前，显现在手机页面上的字数是有限制的。如果文章标题过长，那么就无法全部显示出来，这样会在一定程度上影响文章的点击率，所以要学会控制推文标题的字数。推文标题的文字应保持在手机上正常显示，一般是 16 个字左右。

2. 推文标题编辑技巧

(1) 换位思考原则

拟定微信推文标题时，不能仅仅站在企业的角度思考要推出什么，更要站在客户的角度

思考什么样的标题会吸引自己。可以将自己当成客户，换位思考，这样写出来的文章标题就会更加接近客户心理，点击率也会相对较高。

(2) 形式新颖原则

微信推文标题的形式要新颖，可以采用以下几种常见的形式。

① 标题写作要尽量使用问句，这样比较能引起人们的好奇心。

② 标题写作要尽量写得详细，这样才能给读者更可信的感觉，也会更有吸引力。

③ 在标题里加入数字，数字对读者的冲击力通常较大。

④ 尽量将推文的价值写出来，无论是读者阅读这篇文章后获得的价值，还是这篇文章中涉及的产品或服务所带来的价值，都应该在标题中直接告诉读者，从而增加标题对读者的影响力。

(3) 进行关键词组合

进行关键词组合之后的标题往往会获得较高的关注度，只有单个关键词的标题，它的排名影响力不如多个关键词的标题大。

3. 推文标题的类型

(1) 数字型标题

数字型标题是指在标题中嵌入具体的数字，因为数字通常能给读者带来直观的影响，一个巨大的数字能够触动人们的心灵，很容易让人们产生惊讶的感觉，使其想要得知数字背后的内容。

(2) 悬念型标题

悬念型标题是指将文章中最能引起读者注意的内容，先在标题中进行铺垫，在读者心中埋下疑问，引起读者深思，从而阅读文章内容。利用悬念撰写标题的方法通常有两种：利用反常现象造成悬念和利用用户的欲望造成悬念。

(3) 趣味型标题

趣味型标题是指在标题中使用一些有趣可爱的词语，使整个标题显得轻松、欢快。这种充满趣味性的标题会给读者营造一个愉悦的阅读氛围，因此即使文章中是产品宣传的广告，也不会让读者反感。

(4) 速成型标题

速成型标题是指用标题给读者传递一种只要阅读了本篇文章，就可以掌握某些技巧或者知识的信心，读者在看见这种速成型标题时会更有动力去阅读文章，觉得学会这个技能很简单，不用花费过多的时间和精力。

(二) 文章内容编辑

推文的内容是整个推文的核心，内容承载着要宣传的活动信息，这些信息的完整性、吸引力都会让读者对活动产生第一印象。因此，在编辑文章时尤其需要注意各种技巧和方式。

1. 文章的形式

文章的形式可以是多样的，且每种形式都有自己的特色，它们能给读者带来不同的阅读体验。微信推文的形式可以有文字形式、图片形式、图文形式、视频形式、语音形式和综合形式。在具体实践过程中，综合形式更吸引读者，一般在推文制作中选择三种或者三种以上的形式就可以作为综合形式传递信息。

2. 微信推文内容创作

要想创作出吸引人的文章，就要关注文章的开头、中间与结尾。

（1）文章开头的写作技巧

对微信推文来说，文章的开头十分重要，决定了读者对这篇文章的第一印象。在撰写开头时一定要做到四点：紧扣文章主题、语言风格吸引人、陈述事实和内容有创意。

在撰写文章开头时，还需要掌握相应的写作技巧，一般包括想象与猜测、波澜不惊、开门见山、幽默故事分享。

想象与猜测是在开头运用一些夸张的写法，让读者在看到文字的第一时间就展开联想，猜测接下来文章的内容，从而产生继续阅读文章的欲望。

波澜不惊又称平铺直叙型，是在撰写文章开头时，把一件事情或者故事有头有尾、一气呵成地写出来，平铺直叙。

开门见山是在文章的首段就将要表达的东西都写出来，不故作玄虚，要注意的是，采用这种方法一定要确保内容的主题或者事件足够吸引人。

幽默故事分享是在文章中以一些幽默、有趣的故事作为开头，吸引读者的注意力。

（2）文章中间的写作技巧

在创作文章中间部分的内容时，为了确保写出的文章内容吸引人，写作方法主要有四种：分享型、技艺型、促销型、情感型。

分享型是以消费者的口吻去写文章的内容，站在消费者的视角，自然地将经验引入，从而让读者逐步接受，得到读者的认同。如茶会的宣传可以用消费者曾经的茶会体验作为分享。

技艺型是为读者普及一些有用的小知识、小技巧，如茶会活动中的茶艺技能、插花、香道等教学，可以提炼一些知识或视频，放在推文中。

促销型是一种比较直白的推广方法，甚至是越直白越好，文章内容可以分为纯文字的形式和图片搭促销标签形式两种。

情感型是以引起读者共鸣为目标的方式，提高读者对活动的认同感和依赖感。写这类推文需要富有感染力，尽量产生刺激读者情感的效果。

（3）文章结尾的写作技巧

一篇优秀的微信公众平台文章，不仅需要好的标题、开头以及中间内容，同样也需要一个符合读者需求的结尾。文章结尾的写作方法有号召法、首尾呼应法、抒情法等。

号召法是指文章能够使读者阅读后，对文章的内容产生共鸣，从而产生更强烈的加入活动的想法。

首尾呼应法是指文章开头提过的内容、观点，在内容结尾的时候再提一次。此种方法相对严谨，可以给读者留下深刻的印象，引起读者对文章内容的思考。

抒情法是使用抒情作为文章的结尾，通常用于写人、记事等描述性的文章中。在用抒情法写文章结尾的时候，一定要将自己心中的真实情感释放出来，这样才能激起读者情感的波澜，引起读者的共鸣。

微信公众号的推文制作除了要有吸引人的标题和内容外，推文的排版也很重要，它决定了读者是否能舒适地看完整篇文章。因此，推文的排版要让读者拥有良好的视觉体验，在排版时选择恰当的风格，文字间距适宜，选择适合的字体、字号。

四、短视频的制作

短视频是当前十分热门的传播方式，它具有传播速度快、内容形式多样、趣味性强、制作成本低等特点，已成为营销推广的重要渠道。

（一）短视频制作流程

1. 确定主题

在开始拍摄之前，首先要考虑视频的主题，要搞清楚拍摄短视频的目的是什么，要达到什么样的效果，如活动推广、分享生活日常、才艺展示等。其次，仔细分析用户，结合受众的倾向来选择合适的主题，如面对的用户是年轻人，那就选择偏潮流、时尚、搞笑的形式，如果面对的用户是中年人，就用些现实题材的内容，这样更能贴合用户需求，从而吸引用户。

2. 策划脚本

一个好的脚本直接决定了视频的质量，包括每个镜头的机位、人物(关系/站位)、时间(白天/夜晚)、景别变化和人物动作，甚至标注着音效和对话等。视频中的台词建议尽量精练，避免冗长拖沓拖慢视频节奏。除文字脚本外，还可以制作一个分镜脚本，用来指导摄像和后期工作。

3. 视频拍摄

提前准备视频拍摄，提前取景，设计演员着装，准备道具和所需要的器械，如相机、三脚架、灯光、录音设备等，尽量详细，避免准备不足延误项目进度。

4. 视频剪辑

视频剪辑中应删减无用片段，添加转场视频，添加背景音乐，添加标题字幕，修整美化视频，添加视频结尾。

5. 视频发布

选择适当的平台对视频进行发布。

（二）短视频的类型

短视频大体可以分为分享型、名人型、创意剪辑型、搞笑型、纪录片型等。

1. 分享型

分享型短视频内容多样，包含旅游、美食、健身等内容，通过制作美食、拍摄风景、运动来传播一种积极向上的生活态度，能够吸引很多的流量。

2. 名人型

名人型短视频能够利用名人效应，吸引大量的流量和观众，极具商业价值。

3. 创意剪辑型

创新剪辑型短视频会利用剪辑和特效技术，剪辑出一些精美、搞笑的电影片段集合或明星内容合集，同时还会加入一些解说元素。

4. 搞笑型

借助短视频平台以幽默的形式传播内容,也有可能在短时间内吸引大量的关注。

5. 纪录片型

纪录片短视频制作水平较高,通常会在制作初期就获得大量关注,很容易得到资本注入,短视频内容质量较高。

茶会活动的短视频可以用纪录片的形式对某项活动进行总结,以此作为未来活动的推广,如2022年浙江旅游职业学院全民饮茶日游园茶会。

实训项目

茶会链接4-2

全民饮茶日游园茶会

【目的】掌握活动营销方式,掌握活动营销中海报、推文、短视频等营销手段。

【资料】本小组在项目三中任务三、任务四实训项目中完成的资料。

【要求】根据本小组活动面向的市场群体,设计海报、推文,制作短视频,进行活动营销。

知识拓展

海报需要依靠合适的软件进行设计,常用的海报设计软件如表4-1所示。

表4-1 常用的海报设计软件

软件名称	软件简介
Adobe Illustrator	Illustrator是Adobe公司推出的一款矢量图形处理工具,侧重海报书籍排版、印刷出版、插画创作、多媒体图像处理等领域,也可以提供高精度和控制线草案,小型设计和大型复杂项目都适用
Adobe Photoshop	Photoshop在图像处理领域有着非常广泛的应用。图像处理和特效是Photoshop中最好的地方,它可以把一些质量差的图片处理成好的图片,也可以把很多图片合成一张图片,或者把图片原来的颜色改成自己想要的任何颜色。该软件适用于绝大多数领域,涵盖平面设计、图像创意、照片修复、网站制作、绘画插画、3D地图、图标制作等
墨刀	墨刀是一款在线设计编辑原型的工具,特点是短、平、快,适合一些小型工程,以及一些频繁迭代的产品。其优点是协同办公效率比较高,目前国内的大公司以及中小企业都在用,个人版本免费,且支持云保存、一键式分享、多人协作、实时预览、手势和页面切换特效、团队协作管理等功能
Figma	Figma是一款基于浏览器操作的设计工具,支持多个主流系统。其特点是无须下载、无须安装、在线编辑、管理方便、同步协作、资源占用小。该软件中最近30天的历史可以自动保存,设计师尽管自由思考和构思,总能回到以前的版本
Canva	Canva是一个在线设计平台,操作简单,功能清晰,一直倡导以技术力量推动设计普及,降低设计师作业成本,提高工作效率和协作效率

短视频的制作需要利用合适的软件，常用的短视频制作软件如表 4-2 所示。

表 4-2　常用的短视频制作软件

软件名称	简　　介	亮　　点
剪映	一款功能强大且专业的视频剪辑软件	(1) 简洁，易操作 (2) 支持的功能多，如添加贴纸、边框、文字以及背景音乐 (3) 可以选择的素材很多
快影	视频拍摄、剪辑和制作工具	(1) 具有强大的视频剪辑功能，拥有丰富的音乐库、音效库和新式封面，可制作出令人眼前一亮的趣味视频 (2) 不仅可以改变视频的原声，也能自动将视频原声转化为视频字幕
快剪辑	专业的视频剪辑 App，支持视频剪辑编辑功能，支持添加特效、字幕以及一键分享等	滤镜、特效效果多，剪辑观看视频时视觉效果好，可以直接发送到自媒体平台，支持直接录制视频，软件自带教程
巧影	一款非常实用的视频编辑和处理软件，该软件功能强大，为广大用户提供了非常丰富的视频处理功能	支持一键抠图、色度键合成，支持色度键、手写、一键变声，支持添加图像、贴纸、文字等操作，分辨率可高达 1 080p，也支持 720p、360p
VUE Vlog	摄像机和视频编辑器，支持视频剪辑、拍摄、添加特效和滤镜，支持拍摄多段视频等	拥有大片质感的滤镜，带有自然美颜效果，有丰富有趣的贴纸、音乐和字体素材

项目五 茶会活动预算

※ 理解活动预算的制定方法与内容,制作本小组活动的预算表格,管理一场活动的费用。

※ 列出活动赞助的类型,学会活动赞助营销。

※ 通过制定茶会活动预算,培养勤俭节约的精神,避免铺张浪费。

※ 通过活动赞助管理,培养开放思维和协作意识。

任务一　茶会活动预算的制定

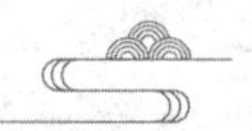

情境设置

任务提出:作为活动的策划者,在活动策划之前不可避免需要考虑两个问题:一是活动费用,二是活动效果。要想保证活动效果,就需要合理的活动费用,因此活动预算对活动来说十分关键。那么,活动预算应该如何制定?活动预算包含哪些内容?在活动预算管理中,具体应该管理哪些方面?

任务导入:根据你的理解,试着列出举办一场茶会需要在哪些方面有花销,并说明列举的理由。思考活动实施过程中可能存在的变动,说明要在哪些方面对活动预算进行管理。

一、茶会活动预算制定方法

茶会活动预算

制定活动预算时,可以采用以下两种方法。

1. 根据活动预算做活动方案

活动预算在活动方案之前。活动费用会影响活动效果,需要根据现有的经费,做多个费用预算表,并找到平衡性最好的那个活动方案。

2. 根据活动方案做活动预算

根据具体的活动策划方案以及希望达成的效果,制定相关活动预算,并做好预算表格。此时的活动费用,也可以通过活动赞助来解决(本项目任务二中详细说明)。

二、茶会活动预算影响因素

制定活动预算时,需要明确活动的目的,了解主办方的意图,明确活动的基本信息及影

响因素，主要包括以下方面。

1. 主办方信息

主办方信息包含主办方名称、主办方性质、所属行业、主营业务、核心优势等。

2. 活动类型

活动一般有两种类型：一是对外活动，通常以商业化模式进行运作，活动参与者多为外部人员；二是内部活动，活动参与者往往是主办方的内部人员。

3. 活动参与者

了解活动参与者的数量及细分特质，如年龄、性别、所属行业等。

4. 活动目的

主办方希望参与者有怎样的感受，希望通过活动达成怎样的目的。

三、茶会活动预算内容

一般情况下，茶会活动会产生以下四类费用，制定活动预算时，可以先列一个框架，把所需的具体内容填写进去，然后根据活动实际需要调整比例。

1. 宣传费用

大型活动的宣传费用主要包括各种媒体宣传活动产生的费用，这是占比较高的支出。另外，还有活动宣传册的设计、制作与发放，活动宣传短片的制作与投放，活动主背景、签到板等的喷绘，以及宣传板的制作等。小型茶会活动的宣传费用多用于活动背景板、宣传册等的制作。

2. 场地费用

承办茶会活动需要特定的场地，有些场地需要租借，因此需要计划活动场地的租赁费、服务费，大型活动可能还有在该场地的食宿费用、灯光设备费用等。

3. 物料费用

物料费用是茶会活动的重要花费，活动所需要用到或耗费的一切材料及物品都需要费用。茶会对物料的细节要求特别高，如茶会可能需要不同种类的茶，或不同茶量、不同价格的茶等，以及整场活动的用水，茶席布置所需的茶具、茶壶、桌旗等，还包括邀请函、签到台，甚至茶席包裹用的别针、胶带纸等也需要考虑在内。当然，一些活动的茶具可以由赞助方提供。

在一些带有技能比赛的茶会活动中，还会设计奖项，因此奖品也是物料费用中的重要组成部分。

4. 人员费用

人员费用是活动中因所有相关人员而产生的支出，包括工作人员的劳务费、演艺人员及特殊嘉宾的邀请费、主持人和礼仪小姐的费用，以及活动过程所需要的餐费等。

以上所有预算都需要根据市场的价格或略高于市场的价格进行预估，因为此时还没办法估计实际花费过程中这些支出会更多还是更少。此外，除了以上四类预算费用，还需要准备约10%的机动预算，即茶会活动中可灵活运用的费用预算，主要用于额外的支出或者应急使用，也称备用金，这样预算内容才算周全。

四、茶会活动预算管理

根据活动内容制作出活动预算表后，活动筹备过程中需要进行预算资金的使用管理。活动预算管理是指活动所涉及的费用支出需要由专门的账本来记录，由专人来管理，以便将活动支出降到最低。管理账本的人和制定预算的人往往不是同一个人。活动预算管理具体包括以下内容。

（一）物品管理

1. 账本

账本是费用控制和管理的有效凭证。一方面，预算表的价格只代表预估的价格，具体的价格可能会因为时间不同而改变，如可能因为节假日场地费用比预想的要高；另一方面，在制定预算的时候遗漏一些东西很正常，因此需要将所支出的每一笔费用都记录在案，同时核对预算。

如果没有把握好预算价格与实际价格的差距，预算支出内容与实际支出内容的差距过大，便会随着活动的进行，慢慢地从小问题变成大问题，导致预算失控。账本则有助于我们随时知道自己花费多少，及时掌握财务情况，帮助管理者做出负责任的决定，并及时调整预算的策略。

一般来说，有以下两种常见的账目记录工具。

（1）明细账：直接使用固定版式的明细账进行记录，如图 5-1 所示。

明细账

年		凭证		摘要	借款	贷款	借方											贷方											借或贷	余额											核对
月	日	种类	号数				亿	仟	百	十	万	千	百	十	元	角	分	亿	仟	百	十	万	千	百	十	元	角	分		亿	仟	百	十	万	千	百	十	元	角	分	

图 5-1　明细账

（2）Excel：根据活动需求，运用计算机中的 Excel 功能制作财务收支记账表，如图 5-2 所示。

2. 票据

（1）保留采购物品或支出费用的发票及收据小票。

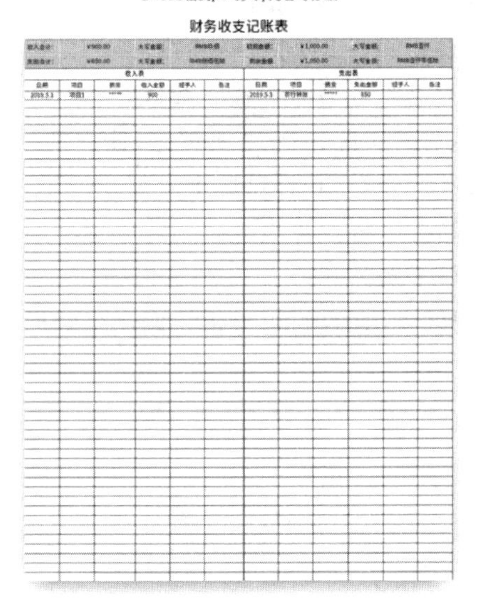

图 5-2　财务收支记账表

（2）如果在活动中有供应商集中提供某一批物料，应请供应商详细列出每个项目和说明，即使是那些看似不重要的项目也不要遗漏。

（二）人员管理

一般情况下，制定预算和进行预算管理的不应是同一个人。如果你是那个制定预算的人，那么应该有另一个人来代替你花钱，这个人一定要理性，而且熟知活动各具体流程的大体支出。所有要支出的钱，必须由这个人来审批。他（她）更像一个筛子，筛掉那些没有出现在预算上同时并不是十分必要的部分，把钱花到该花的地方。这样可以建立一个良好的费用审批流程，严格控制活动的支出。

（三）活动预算调整

活动实施是一个动态的过程，活动实际费用也会因此产生变动，需要依此对活动预算进行调整。这是一个重新审视整场活动的过程。在这个过程中，只需要思考两个问题：一是现有的方式能否保证预期的效果；二是同样的效果能否用费用更少的方法来代替。得到的回答不同，相应的活动预算调整方案也是不同的，如图 5-3 所示。

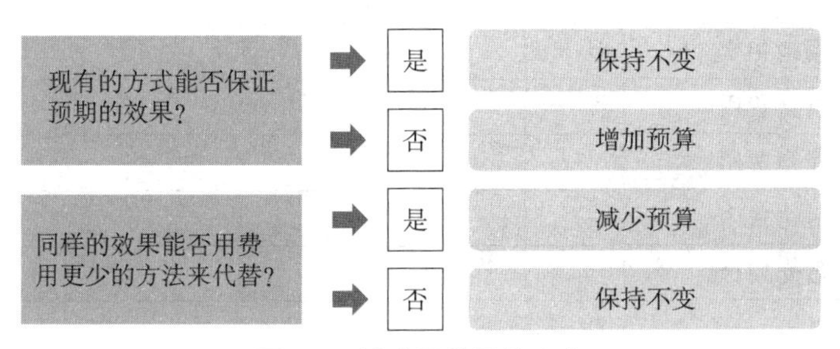

图 5-3　活动预算调整方案

如果活动在实施过程中有了计划外的支出(不包含在原先的活动预算内)，首先要确定这些计划外支出是不是客户的临时增项，如果是，出于处事严谨的风格，与客户签署增项合同，如果时间很仓促，也应请客户第一时间对增项内容予以签字确认。涉及费用相关的事情，切记不要接受口头承诺，一定要有书面形式的确认。

其次，需要把策划案和活动的实际情况逐项对比，任何活动要素出现问题，都可能产生计划外支出。将逐渐对比后进行分类，并且每项支出都要记录，以便准确知道支出发生的时间、地点、经手人和原因。我们可以将预算表与费用清单逐项对比，哪些费用属于计划内，哪些费用属于计划外都可以一目了然。

最后，根据清单找出计划外支出的项目，分析它们产生的原因，思考是否需要纳入预算，让下次的预算更加完善。

实训项目

【目的】掌握活动预算的主要组成部分，并了解各项预算对应哪项具体的工作内容，掌握活动预算表的制作技巧和方法。

【资料】本小组活动策划方案。

【要求】根据活动预算内容，对照项目五表 5-2 中活动策划的工作内容，列出不同工作内容分别需要哪类预算？根据活动性质和相关信息，运用 Excel 制作一份活动预算表。

知识拓展

活动预算表

预算表清晰、简洁、易懂，便于预算审核和管理，所有的预算类别可以根据活动的规模和性质决定，也可以按照活动项目进行调整，如表 5-1 所示。

表 5-1　活动费用预算表(样表)

类　别	费用名称	数量	单价	总额	说　　明
宣传费用	活动广告制作				专业拍摄、制作、剪辑、设计后用于活动宣传的短片、海报等
	广告投放				传统媒体、新媒体、地铁公车、户外广告等渠道
	宣传画册				版面设计、文字撰写、印刷等
场地费用	场地租赁　小	计			
	餐饮费用				
	住宿费用				
	搭建费用				
	灯光控台				
	小　　计				

续表

类　别	费用名称	数量	单价	总额	说　　明
物料费用	主会场正门宣传展示				KT 板、易拉宝、横幅等宣传物料
	指引路牌				标志性导示的喷绘制作、拆装等
	区域指示牌				活动区、休息区、展示区、舞台区、停车区等
	签到用品				包含笔、名册等
	桌				用于签到、演出、展示等
	椅				
	红地毯(租用)				活动场地氛围渲染
	茶具茶器				茶艺、茶道的相关器具
	茶粉茶叶				用于茶艺、茶道、接待等
	花材				茶席布景、活动场地氛围渲染
	矿泉水				用于茶艺、茶道、接待等
	其他布置				依据活动需要
	小　　计				
人员费用	嘉宾邀请及接待费用				
	演艺人员				
	主持人				
	礼仪人员				
	安保人员				
	服装造型师				
	化妆师				
	小　　计				
机动费用					
总计(是否含税)				大写	

备注:①场景布置物料需根据主办方要求以实际使用数量结算;②活动项目可根据主办方预算进行调整;③活动预算调整以主办方签字确定为准。

任务二　茶会活动赞助管理

情境设置

“以茶会友”活动方案

一、活动目的

中国茶文化源远流长,有着悠久的历史。人们通常把茶当作生活中必不可少的健康饮料，盏茶在手，品味人生至理，体会浮浮沉沉的淡苦、芬芳。此次“以茶会友”活动的主要目的是通过茶艺展示、品茶评论，使广大茶界前辈、茶爱好者得到交流，推广茶文化，促进茶文化交流，让更多人了解茶文化，并更好地选购、收藏、饮用各类名茶，感受茶中甘苦，品味人生至理。

同时，茶坊也希望通过活动提升知名度，借助一系列的茶文化活动和媒体宣传，达到推动茶市场拓展，带动客源，加深茶文化影响力的效果。

二、活动主题

以茶会友，传承文化。

三、活动时间

××年×月×日（星期×）。

四、活动地点

老街坊茶馆。

五、活动邀请嘉宾

由茶坊组织。

六、活动内容

1. 茶艺表演

由茶艺表演团成员表演并示范给现场的观众，让观众切身感受到茶具、服装等专用用具的用法。茶艺表演期间同时进行古筝表演，营造更好的氛围，在茶香与音韵中，引起更多人的兴趣。

2. 茶叶展示

由茶叶公司提供各种茶叶，在品茶盛会中展示，并讲解其功效特点。

3. 免费品茶

设立免费品茶区，茶叶可自行购买，也可通过赞助获得，赞助茶叶会注明赞助商。

4. 茶的历史发展展示

根据茶叶品种讲解历史。

任务提出：活动赞助是现代专题活动中不可缺少的组成部分，已经越来越多地被活动方所认识并加以重视，它最主要的特点是无偿提供人力、物力、财力等资源。活动赞助有哪些具体形式？了解活动赞助的形式之后，作为活动方的工作人员，该如何进行赞助营销获得这些赞助？

任务导入：如果今天你要举办一场茶会，你会找谁来赞助？用什么样的方式获得赞助？

活动主办方的力量是有限的，一个活动如果没有市场化的运作，没有赞助商的参与，就很难办好。赞助商有越多的资源投入活动，这项活动就越有机会办好，从而吸引更多的参与者。

一、活动赞助概述

人们对活动赞助的理解是循序渐进的，目前没有统一标准。一般来说，活动赞助是指企业提供资源（金钱、人员、设备及技术等），以组织执行各项活动，并换取企业与该项活动的直接关系，以达到企业营销目标或媒体目标。在各类活动的实践中，大家渐渐发现，赞助的形式是多元的，且对活动方和赞助商双方都有益处，也就是说，赞助应是一种交换过程，其中包括有形的资源（金钱、实物等）及无形的资源（地位、技术、服务等）。不论赞助者与被赞助者

在赞助中是主动的还是被动的，通过交换，双方达到互利，是一种双赢的结合。

1. 活动方获取资金或资源

赞助对活动来说是一个资源筹措或获取的过程。通过企业的赞助，活动主办方获得举办活动所需要的资金或资源。活动主办方通常会通过招商（明码标价）的方式获取赞助。

2. 赞助商通过活动推广自身

对赞助商来说，活动赞助不是赞助方对活动方单方面的恩惠，而是需要活动本身蕴含的商业利益作为回报。活动赞助是借助活动的平台、资源促进企业的推广和品牌的树立。

3. 互惠互利，共同成长

活动赞助对活动方和赞助方而言，是一种互惠互利的共赢模式，是一种对等的交易行为。赞助商提供或投资资源赞助一项活动，他们期望这项活动能提供企业所需要的回报，这种回报通常是赞助商的市场宣传推广或其他促进销售的活动。同时，活动方工作人员需要始终秉持这一理念：不能仅仅从赞助方获得资源，也需要思考能帮赞助方做什么，同时需要他们的配合。活动方主要可以通过以下方式给予赞助方回馈。

（1）冠名权。给予赞助方合理的冠名权，有利于激发赞助方的积极性。

（2）宣传单。宣传单上出现赞助方的标识，或在活动中派发其宣传单（可由赞助方提供）。

（3）海报宣传。海报上出现赞助方的标志或名称，也可由赞助商自行设计。

（4）展板宣传。展板上可贴部分赞助方的宣传海报，一般为1～2张。

（5）宣传栏宣传。赞助方在活动方宣传栏中拥有该活动的独家冠名权。

（6）横幅宣传。活动现场，各个宣传场所可悬挂带有赞助方名称的横幅。

（7）奖品宣传。奖品由赞助商赞助、提供，可印有赞助方的标志。

（8）产品宣传。赞助方的产品可作为该活动的唯一指定用品，活动方也可以分配部分时间给赞助方宣传自己的产品。

二、茶会活动赞助形式

茶会活动赞助形式

赞助方提供赞助的形式一般有资金、奖品、物料、社会资源。

1. 资金

政府或事业单位的活动赞助以资金为主，常常会以冠名的形式展示名称。

2. 奖品

企业的活动赞助会首选奖品赞助，而且以企业自己的产品为主，这样才有利于将产品推广出去。

3. 物料

举办茶会活动，需要很多物料，如水电、网络桌椅、器具等，这些物料也可以通过赞助的形式解决。

4. 社会资源

活动的举办还需要很多社会资源，如志愿者、食宿、场地、专家、媒体、节目表演等，如果有赞助，也可以解决主办方的很多资金支出。

三、茶会活动赞助营销

茶会活动赞助营销

赞助营销是指说服赞助方对活动进行赞助的行为，又称拉赞助。

赞助营销与推销不同，推销推的是大家看得见、摸得着的产品，而赞助营销什么也没有，卖给别人的只是一个方案；一般推销员面对的是形形色色的人，而赞助营销面对的人，一般都是企业老板和部门经理。如果没有较强的公关能力、沟通能力、营销能力、心理素质，很难让对方心甘情愿地提供赞助。赞助营销过程中充满了学问与智慧，是一门比推销更难的艺术。可以说，学会了赞助营销的艺术，就学会了其他推销业务的艺术。

（一）赞助营销

1. 工作流程

(1) 确定活动方案，根据方案需求整理物料清单。

(2) 根据清单内容广泛寻找赞助方，并做全方面了解。

(3) 筛选有确定意向的赞助方，并围绕赞助方需求制定赞助方案。

(4) 根据赞助方案与赞助方代表进行交流协商。

(5) 根据赞助方提出的要求进行活动方案优化。

(6) 签订赞助协议。

2. 所需文件

赞助营销所需要的文件有活动总方案、物料清单、赞助方案和赞助协议等。

(1) 活动总方案。赞助方需要对活动有整体的了解，了解活动的目的、意义和主题，活动总方案可以很好地呈现所有的内容。

(2) 物料清单。提供活动的物料清单，一方面需要活动组织方明确哪些物料需要赞助，另一方面赞助方可以根据自己的实力选择活动赞助的内容。

(3) 赞助方案。赞助方案的目的是说服赞助方进行赞助。主办方需要准备一份详细的赞助方案，明确赞助方需要赞助的内容和可以得到的回报。主办方需要设置合理的回报，以便说服赞助方提供赞助。

(4) 赞助协议。赞助协议是维护主办方和赞助方合理利益的重要保障，主办方可以事先拟定赞助协议模板，再与赞助方协商协议的内容，根据实际情况调整并最终达成协议。

（二）赞助营销的技巧

赞助营销是一门高明的艺术，涉及推销、心理、口才、公关、谈判、广告、人际关系、策划等各个领域，奥妙无穷。其中，最重要的是做到以下三个方面。

1. 找对人—说对话—要对物

(1) 找对人。根据活动类型和性质，寻找相应的赞助方。可以查找资料搜寻不同类型活动都有哪些赞助方作为参考。同时，见面时要做到衣着整洁，举止稳重，给对方以信任感并表示尊重。

(2) 说对话。说服赞助商的过程中，注意避免不良习惯，不要使用粗俗或不得体的词汇，充分利用语音、语调、语气、语速、眼神、手势等说服对方。此外，内容上涉及“度”的问题，务必注意表达方式不要过火，否则，过犹不及，适得其反。这需要仔细观察，灵活应变，如发现对方已被调动起来，可适当再“提一提”；若对方流露出不耐烦，那么要马上“收一收”，切忌强硬地索取。此外，尽可能简要地列举活动所需要的赞助，根据实际情况适时重复提及，加深在对方心目中的印象。

(3) 要对物。拉赞助时要注意，希望获得的赞助要符合赞助方所能提供的内容，获得赞助方认同。

2. 生产炮弹—瞄准目标—选好武器—积极出击

(1) 生产炮弹。生产炮弹就是在拉赞助时一定要有素材，也就是说要有宣传品，如画册、网站、PPT、光盘、书籍、传单、POP、易拉宝等，也可以是各种文章、广告语、标题，照片，以及之前活动的照片、活动产生的影响等。

(2) 瞄准目标。如果拉赞助时毫无目标，漫天撒网，就像大海捞针，效果很差。瞄准目标，也叫精准营销，即一定要找准企业的需求。

(3) 选好武器。选好武器就是要为企业的宣传找到一个合适的着力点，这个着力点就是武器。

(4) 积极出击。主动为赞助方着想，设计一些有效益的内容，让企业得到实惠，做到“你好、我好、大家好”。这样，主办方和赞助方才能站在统一战线上。可以为赞助方设置 KT 板、易拉宝、LED 屏等，也可以考虑在茶席上设置主办方的介绍台签，引起嘉宾和参与者的关注。

3. 让赞助方有获益感

丰富活动内容，多方面地提高社会互动性和传播性，加强活动推广。同时，在活动中可以设置一些和赞助方相关的活动，以增加赞助方的关注度。

实训项目

【目的】明确活动所需赞助形式，掌握获取活动赞助的技巧。

【资料】本小组活动方案。

【要求】围绕本小组方案，思考应向哪些赞助方获取何种赞助？如何去拉赞助？

知识拓展

活动赞助交谈方案

1. 见面台词

您好，很高兴见到您。非常感谢您在百忙之中可以抽出时间约见我们，今天我们主要是想和您一起磋商关于贵公司赞助我们茶会一事。您对我们茶会的支持，我们表示衷心的感谢，也很高兴您愿意给我们一个合作的机会。希望我们这次合作愉快，建立长久的合作关系，为双方带来更长久的效益。接下来我们将向您详细介绍拟订的赞助计划以及茶会相关信息。

2. 介绍项目的台词

首先由我来给您介绍一下我们茶会的策划方案。策划书的基本框架包括活动简介、活动安排、宣传计划、应急预案、经费预算等方面。我们非常重视活动的宣传计划，一个行之有效的宣传方式必然可以为我们的活动带来好的宣传效益，从而为整个活动和这次合作带来良好的效益。我们将用图表和具体的数据清晰地表明现金和实物的流动方向，做到支出明确和翔实。

3. 问题应对的台词

公司提供财力，我们提供人力，我们的利益需求点可能不一样，但都有一样的目标，就是为自己所在的集体争取利益，达到双赢。

在价格方面，我方的价格已经很实在，费用基本上都用在宣传方面，我方是有诚意的。

我相信我们都是有诚意合作的，如果你方在价格方面坚持另有要求，我们还需要进一步商讨。

成功的合作是我们的共同目标，必需的经费是确实不能克服的，我方的价格很实在，我希望我们不要把时间花在一二十元、一两百元的讨价还价中，而应该将活动最优化，达到更大的利益，这对双方更有利。

4. 对情况的了解和见解

很开心我们取得了合作成功的第一步。虽然合同已经成功签订，但是在我看来真正的合作现在才开始。因为希望能建立长久的合作关系，所以我们特别重视项目条款的落实情况和信息资料的反馈情况，这不仅是态度问题，更是性质问题，为了取得双赢，我们希望能及时和贵公司沟通协商，接受你们的监督和意见，也请你们能配合我们茶会工作人员的工作。非常感谢你们的体谅和信任。

项目六

茶会活动筹备

※ 掌握活动流程设计，学会设计雅集茶会活动节目流程和茶会活动节目单。
※ 掌握活动任务分解技巧，学会活动任务分工及活动工作人员管理。
※ 掌握制定活动日程表的方法，学会制作活动甘特图。
※ 掌握活动场地分区、场景设计的方法和技巧。
※ 分析活动需要的物料，学会制定活动物料准备表。
※ 识别活动风险的类别，掌握活动风险控制的方法。

※ 学习茶会活动筹备，培养谋划意识，形成一丝不苟、耐心细致的职业品质。
※ 学习茶会活动人员安排，养成以身作则的职业规范。
※ 学习时间管理，养成良好的时间管理观念。

任务一　茶会活动流程设计

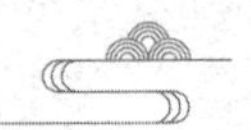

情境设置

2021年杭州茶文化博览会开幕式暨西湖龙井开茶节活动方案

一、活动目的

以茶产业重装再出发为契机，以龙井茶品牌保护、茶产业提质增效、旅游业“微改造、精提升”为目的，以“自在西湖外·茶享龙坞里”为主题，通过全景式直播互动、融媒立体化传播的方式，为新茶上市做推广，为品牌保护保驾护航，展示西湖区龙坞茶镇茶产业、茶科技、茶旅游、茶文化全产业链融合发展的风貌，打造西湖靓丽风景线。

二、活动主题

自在西湖外·茶享龙坞里。

三、活动时间

2021年3月23—28日。

四、活动地点

西湖区龙坞茶镇。

五、活动安排

1. 开茶节开幕式

时间：3月26日（星期五）上午9:30。

地点：光明寺水库。

2. 参加人员：……

3. 开幕式流程：(9:30—10:40)

(1) 开场节目《饮茶歌》9:30—9:35；

(2) 主持人介绍领导及嘉宾 9:35—9:38；

(3) 市领导致辞 9:38—9:43；

(4) 浙江省乡村旅游产业集聚区授牌 9:43—9:50；

(5) 炒茶王大赛颁奖 9:50—10:05；

(6) 邀请专家介绍西湖龙井品牌保护工作、真假鉴别 10:07—10:15；

(7) 主播与茶商展示区商家互动直播春茶销售 10:15—10:23；

(8) 主播直播推介龙坞民宿、茶餐 10:23—10:30；

(9) 启动仪式——举杯邀请天下宾客来龙坞喝一杯西湖龙井茶，共同启动 10:30—10:40。

任务提出：案例中的开幕式流程由多个活动项目组成。茶会活动流程是活动执行的关键，那么活动流程应该如何设计？是不是对所有的活动项目进行罗列执行就可以呢？不是的，活动流程的设计对活动执行来讲非常重要，因为节奏感强、紧扣人心、氛围浓厚的活动流程设计会对整个活动的效果起到良好的推动作用。那么活动流程设计需要依据什么样的原则？有哪些技巧？雅集茶会活动流程的执行与大中型茶会活动项目设计有何不同？有哪些注意事项？

任务导入：依据之前策划的茶会活动主题和活动项目，进行活动流程设计，同时设计相应的节目单。

茶会活动流程设计又称茶会活动的节奏控制，是对前期策划的活动项目、选择的茶品或茶点进行合理排序的过程，也是设计活动项目先后、安排活动进程急缓、营造活动氛围的过程。茶会活动流程设计对一场活动的成功举办十分重要，活动的节奏影响和关系到整个活动最终达成的效果，观众的感受是隔靴搔痒还是酣畅淋漓，都由节奏实现。也就是说，节奏直接影响活动完整呈现的效果，节奏控制得好的茶会活动可以更好地吸引观众、传播茶文化信息。

一、茶会活动流程设计的原则

茶会活动流程设计的原则

活动流程设计的主要目的是让观众对整个活动产生良好的记忆，最终达到茶文化传播的良好效果。这需要通过活动流程的设计吸引观众的注意力，进而强化观众的记忆力。观众在欣赏或参与活动时，都有一个由被动注意力向主动注意力转化的心理期望过程。在活动开始时，观众都是被动注意，如果开场的节目足够吸引人，观众的情绪被充分调动，就会转换成主动注意，主动注意是观众记忆的最好时机；随着时间推移，观众注意力减弱，可以通过改变活动形式、内容、呈现效果，更换茶品、茶点等调动观众的情绪，再次由被动注意转换成主动注意，如此循环。在一场茶会活动中，活动项目或茶品的设计安排十分重要，要把握好活动项目的节奏。

为了吸引观众的注意力，强化其记忆力，在活动流程设计时应遵循动静结合、观赏类与互动类结合、五感相结合的原则。

1. 动静结合

动静结合是相对安静的项目和有律动的项目相结合，如小型茶会中的插花、书法可以视为相对安静的活动项目，舞蹈、游戏等可以视为律动的活动项目，动静结合有利于吸引观众的注意力。

2. 观赏类与互动类结合

以演艺人员表演为主的观赏类活动和观众可以参与其中的互动类的活动项目结合，可以调动观众的情绪，增强观众对活动的记忆。

3. 五感相结合

在开展茶会活动项目时可以充分调动茶友们的视觉、听觉、触觉、味觉和嗅觉五大信息通道对活动的关注。视觉主要通过活动场地、茶艺师等的环境实现，听觉通过舒缓悠扬的音乐实现，触觉可以通过触摸茶具等实现，味觉和嗅觉主要可以通过闻茶汤、品茶滋味等实现，让参加茶会的茶友调动五大感官系统，留下良好的参与体验。

二、茶会活动流程设计的技巧

茶会活动流程设计的技巧

活动流程设计需要把握三个点：时间点、气氛点和记忆点，即合理设计时间点、控制活动现场气氛点、营造观众记忆点。

1. 合理设计时间点

在每一场经过策划的活动都可以分为五个阶段：起始、渐强、高潮、减弱、落幕，也可以称为五个时间点。其中起始、高潮和落幕三个部分非常关键，这三部分所承担的职责是唤起观众主动注意力；渐强和渐弱这两个部分在活动项目设计时也很重要，因为它们承载的是观众记忆点。

每一场活动节目安排都需要设置起始、高潮、落幕三个部分，目的是唤起观众的注意力。在大型活动中唤起观众注意力的方式有气势磅礴的歌舞、绚烂华丽的灯光秀、神秘的舞台效果、大家熟知的嘉宾等。如在2019年杭州市上城区清河坊民间茶会中，启动仪式是每位嘉宾将手中的绿色粉末撒在准备好的“2019清河坊民间茶会”几个字上的舞台效果，这一神秘的舞台效果引起了观众的注意，新颖的开幕启动仪式让大家耳目一新。

当活动开始、高潮和落幕的活动项目把观众的注意力吸引到现场，观众注意力达到顶点，此时他们的记忆力也最强。在这个时间点将活动需要传达的信息或表达的内容传递给现场观众，观众的记忆力会更加深刻。

2. 控制活动现场气氛点

活动现场气氛点的作用主要是调动观众的心理或情绪变化。在大型的活动或娱乐节目中，气氛点的控制多是通过罐头笑声和背景音乐来实现。罐头笑声一般是在情景喜剧中，在“观众应该笑”的地方插入的事先录制的笑声。这种笑声的特点是机械，每次笑声几乎一样。背景音乐也称配乐，是用于调节气氛的一种音乐，插入对话或环境中能够增强情感表达，使观众产生身临其境的感受。背景音乐在茶会活动中应用较多。

无论是笑声还是音乐，对听觉体系而言，都属于音调的范畴，人类对音调的接受度远远大于音节或语言本身。音调的表现形式简单直接，起到的作用却是同步和放大感受，如罐头

笑声很好地提醒了观众笑点在哪儿，背景音乐也对当时的剧情推动具有烘托作用，这些音调让观众的感受与活动所要表达的节奏同步，同时以感官的方式加以放大，从而达到控制活动现场气氛点的作用。

一般情况下，节奏紧凑、快速、欢乐的背景音乐比节奏缓慢、拖沓、悲伤的更容易唤起心理同步，熟悉的旋律、节目形式比较陌生的更容易唤起心理同步。所以在大型的茶会活动中，运用的背景音乐往往是欢快、节奏紧凑的乐曲，但在雅集茶会中为了传递静、雅的氛围，往往会选用悠扬的旋律，这样一来，就达到了控制活动现场气氛点的目的。

3. 营造观众记忆点

让观众记住活动，并对活动产生好感和记忆，可以通过营造观众记忆点来实现。

对参加茶会的茶友来说，记忆只是观看的附加效果。那么为什么看过的活动中有一些片段被记住了呢，这与心理共鸣有关，只有产生共鸣的东西才会被记住。心理共鸣是观众记忆点的唯一来源和方式，也就是时间点上的渐强和渐弱两个部分所承担的责任。在一场活动中，观众记忆点的营造需要注意以下内容。

（1）控制记忆点的数量

在一起活动里，需要设置 2～3 个分段式的高潮和记忆点，但同时也不要过多。

（2）结合热点、巧妙包装

结合时事热点，一方面容易被观众接受，另一方面容易得到观众的共鸣。例如，可以结合热门电视剧剧情对茶会活动进行巧妙的包装。

（3）弱化旁枝、突出主干

为了突出记忆点，可以选择把记忆点前后的环节适当弱化，先让观众的心理期待降低，再推出观众喜欢的项目，这样就会营造观众记忆的重点。

（4）明星效应

明星效应也可以用于制造记忆点，可以请和活动主题相关或业界的知名嘉宾进行互动，达到更好的记忆和传播效果。

三、雅集茶会活动流程设计

雅集茶会主要目的是传播茶文化或传统文化，一般以茶艺欣赏、茶品鉴、茶知识分享、传统文化项目展演为主。在茶会过程中，茶肯定是贯穿活动主线，茶会的形式不同，茶的种类和冲泡方式也不一样。雅集茶会的一般会品鉴 3～5 款茶品，每款茶品都会配有茶点，为了让茶会活动内容更丰富，也会在两款不同的茶品之间穿插一些茶知识分享或传统文化的项目。在茶会节目流程设计时，可以参考活动流程设计原则和技巧，同时关注小型茶会更精致、细腻的特点，仔细选择茶品和茶点。

雅集茶会活动流程设计

（一）茶品的设计

在茶会活动中，一般会根据茶会举办的时节、邀请的来宾、茶会的主题、企业的需要等要素选择合适的茶品，根据茶会时间的长短选择不同数量的茶品。

1. 茶品的选择

(1) 根据时节选择

茶会举办的时节不同，选择的茶品也不同，如春天新茶上市时，可选择当年上市的新茶，绿茶或花茶等当地时节茶会是首选；夏天，除了绿茶外，新鲜的白茶也可以消暑；秋天可以选择季节性的茶，如桂花龙井、乌龙茶；冬天以黑茶、红茶、老白茶等为主，茶品干温，可以生热抗寒。

(2) 根据来宾选择

茶会选择茶品时一般会根据不同的来宾选择不同的茶品，可以考虑来宾的性别、年龄、地域、专业程度等。例如，因为男性和女性喜欢的茶品不同，可以为女性来宾选择清淡、甜醇的茶品，如白茶、红茶等，为男性来宾选择乌龙茶或黑茶；根据来宾的地域不同，也可以调整茶品，如果来自产茶地之外的地区，肯定要选本地的茶奉给宾客。

(3) 根据茶会主题选择

根据茶会的主题选择茶品，如以生活乐趣为主题的茶会，可以红茶为主。

(4) 根据企业需要选择

以企业为主承办的茶会通常是茶新品的品鉴会，因此会选择企业想要推广的茶品。

2. 茶品数量与冲泡顺序

根据茶会时间的长短选择不同数量的茶品，一般会选择 3～5 款茶品。2 小时左右的茶会一般会选择 3 款茶，2.5 小时到 3 小时的茶会，可以选择 5 款耐泡的茶品。在茶品冲泡顺序安排上，一般按照发酵程度由轻到重、年份由新到老的顺序设计，这样品鉴时口感可以由淡到浓，更好地感受不同茶品的香气和口感。

无垠茶会活动流程

1. 第一幕

(1) 茶品：天官赐福・3000 年树龄古树滇红。

(2) 茶点：寻蜜。

(3) 茶事：赏曲尺八本曲《虚铃》。

2. 第二幕

(1) 茶品：绿大树・99 年易武正山野生茶。

(2) 茶点：开运豆饼。

(3) 茶事：赏曲（琵琶《羽调六爻》、萧《绿野仙踪》）。

3. 第三幕

(1) 茶品：虎虎生威・虎啸岩肉桂。

(2) 茶点：福蛋（茶叶蛋）。

(3) 茶事：赏曲（琵琶《彝族舞曲》、萧《梅花三弄》）。

4. 第四幕

(1) 茶品：时时无垠・胜意奶茶。

(2) 茶事:赏曲,萧《桃花渡》。

5. 第五幕

畅叙,乾元广运,涵育无垠。

(二) 茶点的设计

1. 茶点的选择

茶会进行过程中,适当的茶点不仅可以缓解饥饿和醉茶的感觉,也可以增进茶会的情趣,尤其是精致的茶点,可以将茶味衬托得更美。在选择茶点时需要注意味道不能太重,过于刺激性的茶点会影响品茶人的味觉。过甜、过咸、过油腻的点心、坚果、水果不适合作为茶点,具有强烈刺激性味道的食物也不适合做茶点,如辣、麻、酸、苦等。清淡适口,低糖、低盐、低油、不影响茶味与茶香的健康食品是茶点的最佳选择。五味调和,清新淡雅,适口的点心、水果、坚果可以与茶搭配。

水果类的茶点:易于一口食的水果比较适宜,大块的水果可以切块食用,无须剥皮、吐渣、吐籽的水果为佳。

坚果类的茶点:可以选择枣、去皮核桃、开心果等,无须剥壳的坚果为佳。

点心类的茶点:可以选择一般糕、饼,精致的和果子等,不易掉屑的食品为佳,如图 6-1 所示。

图 6-1　点心类的茶点

2. 茶与茶点的搭配

绿茶口感鲜爽,适合的茶点有水煮花生、毛豆、淡盐水浸渍的各种豆类,以及偏淡的甜点。

红茶的味道比较醇厚而浓郁,适合配一些苏打类或带咸味、淡酸味的点心,如野酸枣糕、乌梅糕、蜜饯等。

乌龙茶的味道同样偏清淡，而比较重香氛，不合适味道过于浓郁的点心，可以配一些低糖度或低盐分的茶食，如瓜子、花生、豌豆绿、芸豆卷等。

黑茶的味道比较醇厚，宜搭配一些口味较重的茶点，如牛肉干、各类肉脯、果脯等，或选用奶制品如奶酪、奶皮子、奶渣等，或用含油脂较大的坚果，如椒盐花生、腰果、杏仁、核桃等。

四、茶会活动节目单设计

茶会活动节目单设计

活动节目单是节目流程的安排，对现场的嘉宾和工作人员具有指导意义。但是，不同人群所要传递的信息不同，活动节目单的设计和内容也应该有所不同，如工作人员和嘉宾手中的节目单不会一样。嘉宾手中的活动节目单可以相对简单，明确流程就可以，但是工作人员手中活动节目单的流程和时间需要十分精确和详细。

（一）嘉宾活动节目单

1. 凸显活动主题

嘉宾活动节目单在设计的时候需要凸显茶会活动的主题，活动节目单的纸张底色、背景、装饰等，都应选择与主题相关的元素，也可以与海报、邀请函等统一色调或版式。

2. 设计雅致美观

嘉宾手中的活动节目单还需要设计得雅致美观，符合茶文化或传统文化的内涵。排版可以是横版，也可以是竖版，如图 6-2 所示。字体选择上，手写字体比印刷字体更容易引人注意。

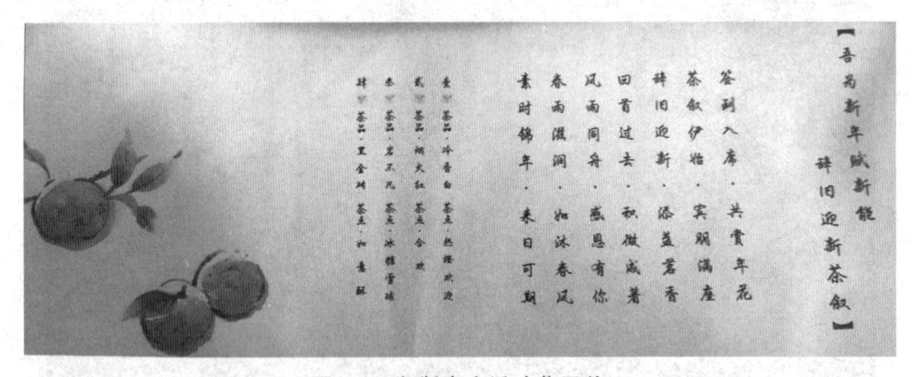

图 6-2　竖版嘉宾活动节目单

3. 内容简洁明了

嘉宾手中的活动节目单内容应简洁明了，主要是让嘉宾们了解活动的名称、开始时间、结束时间、茶会流程（节目）、主持人、节目演绎人员等，如图 6-3 所示为端午节茶会的活动节目单。

（二）工作人员活动节目单

工作人员活动节目单要比嘉宾活动节目单详细很多，需要有详细的时间、负责人员、节

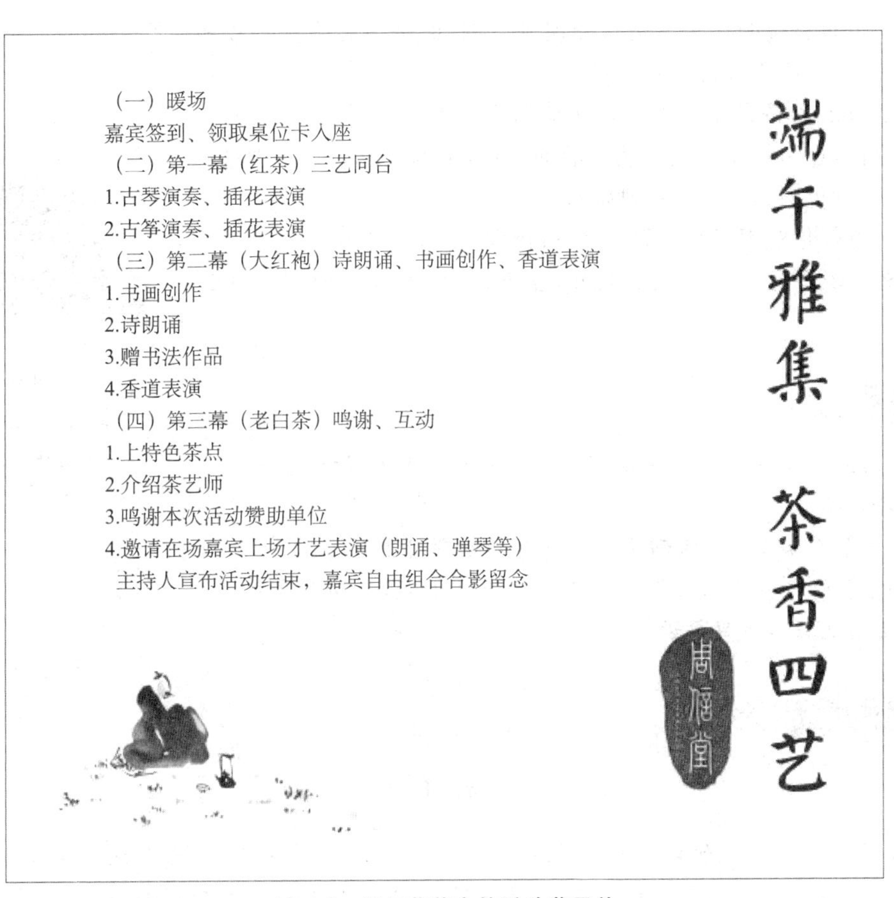
端午雅集　茶香四艺

（一）暖场
嘉宾签到、领取桌位卡入座
（二）第一幕（红茶）三艺同台
1.古琴演奏、插花表演
2.古筝演奏、插花表演
（三）第二幕（大红袍）诗朗诵、书画创作、香道表演
1.书画创作
2.诗朗诵
3.赠书法作品
4.香道表演
（四）第三幕（老白茶）鸣谢、互动
1.上特色茶点
2.介绍茶艺师
3.鸣谢本次活动赞助单位
4.邀请在场嘉宾上场才艺表演（朗诵、弹琴等）
主持人宣布活动结束，嘉宾自由组合合影留念

图 6-3　端午节茶会的活动节目单

目简介等，时间需要精确到分钟甚至秒，需要有相关负责人员、人员简介等。除此之外，工作人员活动节目单还需要包括从场地布置到活动结束的节目流程。制定和完善工作人员活动节目单需要通过多次彩排才可以十分精确地确定下来。

活动彩排通常分为三种，粗排、细排和带妆排。粗排相对简单，如果是重要活动还需要细排或带妆彩排。

1. 粗排

粗排是指相对简单地让所有参与人员知道自己的出场顺序和自己的位置，粗略提出活动流程的改进方案，让每个区域、每个小组的执行人员明确注意事项。粗排不能保证活动的效果，活动执行中还会有很多变化。

2. 细排

细排在粗排之后，需要主持人确定主持词，各岗位人员到位确定活动流程，确定最终方案。细排是从活动开始到活动结束的排练，其最大的作用是确认和调整活动的整体时间。

3. 带妆彩排

带妆彩排是统一按照正式活动的要求，活动各单位及活动参与人员准时到场，各岗位工作人员以及活动参与人员熟悉场地，对光对麦，卡位走场，主持人串词，熟悉活动流程；相关负责人明确自己在活动中的职责，各个活动流程负责人和节目负责人与音响师、灯光师等协调沟通。带妆彩排的意义不是感受现场氛围，而是最终确认化妆和换服装的时间。在重要的大型活动中，需要进行带妆彩排。

活动策划者要尽可能让所有活动的主要参与人员参与彩排，如不能彩排，也一定要让他们熟悉活动流程，了解关键节目中要强调的环节，避免因为不熟悉活动流程造成冷场。

彩排不仅是对现场流程的控制和管理，也是让工作人员熟悉活动流程，形成比较完整和详细的活动认知，保证活动的顺利执行。

茶会链接 6-1
“青衿之志·赓续初心”
主题结业茶会

【目的】掌握茶会节目流程、雅集茶会节目流程、活动节目单中的设计技巧。

【资料】项目三中的活动主题策划和活动项目策划方案。

【要求】围绕项目三任务一中策划的活动主题，利用任务四中设计的活动项目，进行小组茶会活动流程和节目单设计。

佐茶干点

古人在茶坊喝茶，伙计会送上佐茶的干果小吃。这在中国古典小说中多有涉及，如《儒林外史》第二十八回中描述因准备花些银子刻一部书的公子与刚刚结识的、答应可以合选文章的里手以及刻字店的中介聚在一起吃饭。饭后，他们找到一家僧舍以便商谈刻书之事。僧人见有客前来，请三位厅上坐，煨出新鲜茶来，摆上九个茶盘，上好的蜜橙糕、核桃酥奉过来与三位吃。谈好房钱后，僧人又换上茶来，陪着闲话。另见本书第二回中也有表述：和尚捧出茶盘——云片糕、红枣、瓜子、豆腐干、栗子、杂色糖，摆了两桌，……斟上茶来。

（资料来源：范纬．茶会流香——图说中国古代茶文化[M].北京：文物出版社，2019.）

任务二　茶会活动人员安排

情境设置

任务提出：活动筹备过程中，需要有强大的工作人员团队执行工作。工作人员需要依据工作进度表执行，才能保证活动有条不紊地进行。在团队人员分工之前，必须明确整个活动有哪些任务，进行活动任务的分解，根据任务的情况进行人员分工。活动任务分解的技巧有哪些？工作人员的分工及不同工作岗位的工作职责是什么？

任务导入：根据前期策划的茶会活动进行任务分解，设计完成工作进度表。

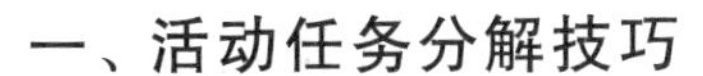

一、活动任务分解技巧

活动任务分解技巧

活动筹备过程中需要围绕已经做好的活动策划方案、活动项目和活动预算等，筹备整场活动。活动筹备的要素包括流程设计、人员安排、时间管理、场地布局、物料准备和风险控制。活动筹备要以流程为核心，分解工作内容，设计活动场地，安排工作人员，准备活动物料，设定工作时限，预测活动风险，并制定风险控制方案。活动任务分解有以下技巧。

（一）分解工作步骤

每项茶会活动的内容各不相同，但整体的活动任务大致相同。活动任务分解时可以根据时间顺序，从活动前期、活动中期、活动后期三个阶段进行。

活动前期是指活动执行过程之前，从策划、筹备到宣传的过程，主要任务有活动策划、活动营销、物料准备、场地设计，如果是赛事活动还包括活动报名。

活动中期是指活动正式开始到结束，主要任务包括场地布置、物料管理、热水管控、活动接待、茶艺表演、新闻影像、后勤保障、机动协调。

活动后期是指活动结束后的总结、评估，主要任务包括总结评估、宣传推广、资料归档等工作。

（二）分析工作内容

活动主题不同，工作内容不相同，但是工作内容框架大致相同，可根据活动主题、形式、规模等按照前、中、后期活动的主要任务分析工作内容，形成表格，进行管理。

1. 活动前期

活动策划：主要负责活动的策划、设计、执行管控、总结等。

宣传推广：根据前期的活动营销策划，进行宣传资料的制作以及推广；负责完成活动宣传方案（活动预告）、推文活动预告、嘉宾邀请、媒体邀请、邀请函发送；制作活动现场宣传海报、KT 板、主题背景板等；

物料准备：协调活动中的接待迎宾组、宣传推广组、热水管控组、后勤保障组、活动演艺组等每个小组所需物料，进行物料登记，确认物料的情况，缺少物料及时采购。

场地设计：根据活动流程布置要求和活动现场实地情况，设计活动场地布局图。

2. 活动中期

场地布置：提前布置现场，根据场地布局图完成接待区、观众、嘉宾区域桌椅摆放，确认舞台背景、音控台、烧水区域、表演区域场地氛围营造和布置情况。

物料管理：提前将物料摆放至活动现场，提前确认活动物料存放区域，对活动需要的器材（茶具、茶、服装）等统一管理、协调物料人员签领物料。

热水控制：准备烧水区域物料，烧制茶水并为现场提供；协调活动接待人员为客人提供迎客茶。

接待迎宾：提前布置迎宾接待区氛围营造、物料等，准备现场接待迎接、人员签到（工作人员、演职人员、嘉宾）工作，及时提供迎客茶准备、茶点准备。

活动演艺：根据节目流程表、协调节目执行，完成活动的表演任务或互动体验项目。

新闻影像：负责现场照片、视频拍摄，并在后期撰写新闻稿，发送至营销组，并对活动实时报道。

后勤保障：负责现场物料、器材等的搬运协调，负责现场安全、人流控制等。

机动协调：活动现场会有很多突发情况，需要机动人员随时出现并处理。

医疗保障：大型活动中，需要有医疗保障，为现场出现的突发情况进行紧急处理。

3. 活动后期

后勤保障：整理活动现场，器材道具搬运，物料整理。

宣传推广：通过图文形式形成活动展示和追踪报道，扩大活动影响。

总结评估：对前期活动进行总结，包括活动执行、财务的总结，工作人员的表彰。同时将与活动相关所有文本资料、影像资料等整理归档，以便为后期做准备。

（三）关键工作专人负责

根据分析的工作内容，合理安排工作人员，确保每项工作都有专人负责。每一项关键工作都必须要专人负责，尽量避免把工作的责任分给多人组成的团队，这样可能会导致无人负责。

（四）明确时间进度

根据最终确定的活动时间，向前确定每项工作必须完成的时间，在制定工作任务进度时，要将工作完成时间提前，尤其需要确定关键工作的最后期限，以防突发事件发生或有些人工作拖延，确保所有工作能在最后工作期限内完成。

（五）检查工作进度

工作任务制定好之后，需要定期检查工作进度，发现工作中存在的问题，以便及时调整工作内容，保证活动正常进行。活动负责人需要定期询问各项活动负责人有关活动的进展和目前遇到的问题。这样做的目的一是督促工作的开展，二是发现问题及时解决或调整。

（六）成立应急处理小组

筹备过程中，为了应对突发情况，要成立应急处理小组。应急小组需要以主办方的主要领导和各部门的负责人组成，在紧急情况发生时，需要快速制定应对策略，并有效解决。

为了确保各项工作有序开展，可以设计工作任务进度表进行过程管理，进度表中设计任务分工、岗位职责、工作人员和时间进度模块，如表 6-1 所示为龙井采茶节工作任务进度表。

表 6-1　龙井采茶节工作任务进度表

阶段	任务模块	分　　解	工作人员	时间进度
活动前期	活动策划	策划总方案、分解活动任务分工，设计活动进度表、节目流程表		
	宣传推广	活动预告、嘉宾邀请、媒体邀请		

续表

阶段	任务模块		分　　解	工作人员	时间进度
活动前期	物料准备	接待区	准备活动现场接待所需要物料，及人员（迎宾人员、引领人员）安排		
		后勤区	准备现场所需桌椅协调搬运、音响、话筒等器材及采茶器具		
		舞台区	搜集背景音乐，协调音响、话筒，主持人等		
		表演区	协调表演人员，所需协调主办方准备的物品		
		嘉宾	嘉宾现场所需的桌椅、茶、台签、茶具、茶点		
		采购	统计现场物品，协调现场物品和采购活动现场缺少的物品		
	场地设计		依据现场活动安排，设计现场布局图：包括主舞台、接待点、采茶路线（用于采茶讲解）		
活动中期	场地布置		场地布局，指导器材搬运、完成各区域物料摆放和场地氛围营造		
	物料管理		活动所需要的器材（茶具、茶、服装）等存放、协调管理		
	热水管控		准备热水控制区物料，烧制茶水、并为现场提供		
	迎宾接待		布置迎宾接待区氛围营造、准备现场迎接接待物料、签到（工作人员）		
	活动演艺		按照节目流程表，协调节目进行（主持、后勤协助人员、音控人员）		
	新闻影像		准备摄影器材，负责现场照片视频拍摄，对活动进行实时报道		
	后勤保障		现场的器材、道具搬运、协调，负责现场安全，人流控制协调		
活动后期	后勤保障		整理活动现场、器材道具搬运		
	宣传推广		对活动进行追踪报道		
	总结评估		活动总结、财务总结审核；活动总结评估		

二、茶会活动任务分工

茶会活动任务分工

活动任务分工是指参加活动的各相关方为了活动的顺利举行，根据活动任务属性以及人员合理利用的原则，将工作人员进行分组并统一管理的过程。可以将各项筹备工作分为以下 9 个小组：活动策划组、宣传推广组、物料管理组、活动演艺组、热水管控组、接待迎宾组、新闻影像组、后勤保障组和机动协调组；在活动任务分解时，可以按照活动前期、中期和后期对每个小组进行任务分配，如表 6-2 所示。

表 6-2　小组工作内容和工作职责要求

序号	小　组	活动前期策划	活动中期执行	活动后期总结
1	活动策划组	策划活动（主题、项目、活动预算），完善活动方案，设计活动场地布局图、制定舞台效果；分解活动任务，设计活动进度表、节目流程表等；进行任务分工和活动管理监控	活动全程监控管理	总结、评估
2	宣传推广组	制定活动宣传推广方案、进行宣传资料制作以及推广，活动推文、活动邀请	活动宣传报道	活动跟踪报道
3	物料管理组	协调各组准备物料，并负责采购物料，管理物料，费用控制	管理活动现场所需物料	物料回收清点
4	活动演艺组	活动彩排、物料准备、协助制定舞台效果	活动现场表演	活动总结
5	热水管控组	根据活动现场，准备烧水器具以及所需用水	活动热水烧制、提供	物料器具清洗
6	接待迎宾组	活动接待场景设计、准备接待物料	活动接待	物料器具收回
7	新闻影像组	准备活动影像所需器具	摄影、摄像	图像整理
8	后勤保障组	协助活动物料搬运，整理，协助制定现场安全预警方案	协助布置场地，负责现场人流管理和安全管理	物料整理
9	机动协调组	活动随机调配		

三、工作职责设计

根据人员合理分配的原则，按照工作任务将工作人员分策划执行人员、活动工作人员和活动演职类人员。活动策划组织的工作人员也就是活动策划执行人员，又可以分为组织者、策划者、设计者、执行者；活动工作组，包含了活动营销组、物料管理组、热水管控组、迎宾接待组、新闻影像组、后勤保障组和机动协调组，以上工作人员统称为活动工作人员，主要对应活动营销推广人员、物料管理人员、嘉宾接待人员、热水控制人员、摄影人员、后勤人员、现场机动人员；茶艺表演组的人员统称为活动演艺人员，又可以分为主持人、茶艺表演者、互动表演人员。每小组的工作人员需要明确自己的工作内容和工作职责要求。

1. 策划执行人员

活动策划执行人员是活动的大脑，在活动立项之后，由活动组织方负责人，即组织者，成立一个活动项目组，组织者是活动的总负责人，贯穿活动始终，也是活动项目组的组长，组员还包括策划人员、设计人员和活动执行负责人。

（1）组织者

组织者即领导者，是指策划与实施活动，并对活动参与者施加心理影响，进而实现活动目标的核心人物。这一领导核心在正式群体中通常是这个组织的领导，在非正式群体中，通常是自然产生的领头人。在策划活动中，组织者居于活动的中心地位，具有决策、激励、协调、控制的权力和权威。

决策是确立活动目标的行为，是活动组织者职能体系最关键环节，影响并决定其他领导职能的发挥。它建立在调研基础上，贯彻于领导行为的全过程，关系到整个活动的成败得失。

激励是通过满足活动的工作人员的需要，激发他们的内在动力，调动其工作积极性的一种领导行为。活动筹备和执行过程中，工作繁多疲劳，所以组织者的激励必不可少。

协调是指在策划执行过程中，不同小组因利益不同会产生各种矛盾和问题，组织者的协调工作不可或缺。

控制是由于活动的决策执行和目标是一个复杂多变的动态过程，因而必须对此过程进行有效控制。

（2）策划人员

活动策划人员是活动方案的提供者，他们与组织者一起完成整个活动的策划。活动策划者是活动前期最核心的人员之一，应具有清晰的逻辑思维能力、统领全局的格局、创新的思维和优秀的文案写作能力。

活动策划是一项考虑事无巨细的工作，在活动整个环节对每一个细节都需要考虑到位，并做到完美，所有的公认的高质量的活动都是注重细节的，因而策划者也是心思缜密的人。

每一个好的创意都需要文案来展现，在整个活动策划或流程设计中，活动策划人员需要充当的是导演兼编剧的角色，需要清晰的逻辑思路、修辞能力，具备统领全局的格局和优秀的文案写作能力。

策划执行人员的主要任务是活动策划方案设计、活动流程设计、活动统筹协助。

（3）设计人员

设计人员是活动策划团队的辅助者，他们协同策划人员，将创意概念通过视觉进行呈现，他们需要具有较强的创意视觉表现力，掌握熟练的设计技巧。他们负责活动整体设计和宣传设计等，此外，活动的场地设计、舞台效果及设计也需要他们来展现。

（4）活动执行负责人

活动执行负责人在项目前期就会参与到活动的策划阶段，了解活动的创意核心，保障活动的整体呈现。他们是活动前期的参与者，是后期活动的主力军，主要工作任务是活动的任务分解，安排工作任务，设计费用预算，设计活动任务进度表和活动人员分工表，组织活动彩排等。

2．活动工作人员

一切策划最终都要靠行动来完成，这要求我们必须雷厉风行，勤奋务实，如果在工作中拖沓、懒惰、工作没人干或者不实干，势必会影响活动的进程，甚至扼杀一个好的活动。

一个茶会活动需要的工作人员有活动总指挥、营销推广人员、物料管理人员、迎宾接待人员、热水控制人员、后勤保障人员、摄影人员、现场机动人员。

（1）活动总指挥

活动总指挥是活动策划组成员，也是负责全面开展活动的人。负责全面开展活动，不是任何事情都亲力亲为，而是需要对整个活动了如指掌，对活动分小组人员和活动时间进度监控的负责人。因此活动总指挥必须要具备较强的组织管理能力、协调能力和沟通能力，去合理调配人员、分配时间、对物品等妥善管理，这样才能使活动的一切程序都能按步骤、有条理地进行。

活动总指挥主要工作内容包括协调策划组成员根据活动策划进行任务分解，如人员分工、物料准备、时间监控、费用预算控制、活动彩排等。

(2) 营销推广人员

营销推广人员属于现场工作人员，主要包括前期对整个活动进行营销策划、宣传板、宣传手册等的制作、邀请函的制作发放等，也有在活动中期的活动直播，和活动后期的新闻报道等。营销推广工作需要贯穿整场活动中，有些活动会将营销推广的任务外包，让营销策划公司专门负责。

(3) 物料管理人员

物料管理人员是以活动物料的筹备、保管与调度为主的工作人员，他们主要负责与各小组负责人包括营销推广、茶会演艺、热水控制等协调沟通，督促其上报所需要的物料清单，准备所需物料，并对物料保管和调度等。

(4) 迎宾接待人员

迎宾接待人员是现场负责嘉宾及茶友们迎接、签到、并为现场宾客提供帮助、维护现场秩序的人员，一般包括活动接待人员、签到人员、礼仪人员、安保人员等。他们主要负责活动签到台的布置，接待人员负责迎接到场的嘉宾和宾客，指引签到，并引领至相应的位置；签到人员负责协调在茶会开始之前嘉宾到场的情况，及时联系未到场的嘉宾，并与茶会现场的负责人汇报现场嘉宾的到场情况。图 6-4 为 2019 年龙井采茶节接待人员引导嘉宾签字。

图 6-4　2019 年龙井采茶节接待人员引导嘉宾签字

在嘉宾入座后，迎宾接待人员负责奉上迎客茶。礼仪人员负责嘉宾上台的引领、奖品颁发等；安保人员负责维护现场秩序，大型活动会有专门的安保人员；中小型活动的安保人员也会用后勤保障人员，在完成物料的运输和现场布置之后，负责现场安保。

(5) 热水控制人员

热水烧制工作是茶会活动关键工作之一，需要确保热水的温度和用量，因此热水控制人员是茶会活动现场非常关键的工作人员，主要负责茶会现场热水的烧制，并提供至现场。图 6-5 为第六届中华茶奥会仿宋茗战热水控制人员为选手加热水。

(6) 后勤保障人员

后勤保障人员负责现场物品验收、场地布置、活动工作人员考勤以及用餐安排，活动嘉宾、客户及相关人员的订房订餐等事宜，以及协调物料的工作，根据物料提供情况和场地布

图 6-5　第六届中华茶奥会仿宋茗战热水控制人员为选手加热水

置图布置场地。在一些小型活动中，后勤保障人员在协调运好物料，布置好场地后会担任现场安保的职责。

(7) 摄影人员

茶会活动是摄影人员非常喜欢参加的活动，因为现场的景致和茶友们都是非常有价值的摄影元素。活动现场需要专门安排摄影和摄像人员，主要为活动记录精彩的瞬间和重要事件的画面。除此之外，摄影人员还需要将拍摄的素材及时与新闻现场的工作人员协调，及时发布现场新闻。

(8) 现场机动人员

现场机动人员是随时可以调配的工作人员，即使活动安排的人员足够多，但是活动现场经常会临时出现问题，现场机动人员可以用来协调。现场机动人员需要对活动非常了解，以便更好地沟通。

相对于演艺人员来说，活动工作人员总是在默默奉献。大家会记住演艺人员的精彩演出，但是很少看到和记得住幕后人员的付出。

茶会链接 6-2

茶文化学子毕业茶会

3. *活动演艺人员*

活动演艺人员主要包括活动现场的主持人、茶艺表演和互动表演人员。

主持人负责活动主持，茶艺表演是茶会现场茶艺表演人员，互动表演人员是茶会互动活动流程的表演人员。他们主要负责整场活动的呈现，表演的效果影响整个活动的效果。

四、活动工作人员管理

在一场活动里，人是主导因素，也是决定一场活动做得成功还是失败的关键。同时，人也是活动执行中最容易出问题的因素。这里提到的工作人员管理不是为了限制工作人员的自由发挥能力，与之相反，只有具有相对规范且有预见性的管理措施，才更容易在现场自由发挥。一定要让所有工作人员都明确自己的职责，这样才能保证他们能够完成自己分内的工作。活动工作人员管理包含以下内容。

1. 人员配置

无论有多少人参与活动执行，都可以分为三类：一是控制者，二是专责者，三是协调者。

控制者是活动的总指挥，又称总控，控制者有且只有一人，此人是活动的总负责人，对活动方案、效果、预算等十分熟悉，是活动的核心和灵魂，权力最大，当然责任也最大。

专责者是任务按照相近性分组后各小组的活动执行者，每个小组人数根据活动大小各不相同。专责者有各自的分工，互不统属。

协调者又称机动者，俗称救火队员，活动中哪里有需要就往哪里去，协调者往往由控制者根据需要进行调控。

2. 结对管理

活动管理过程中还需要明确各环节工作人员之间的流程关系，虽然各小组之间分工不同，但不同小组的工作需要相互协调完成，因此需要衔接好工作，形成缜密的安排。活动管理中控制者需要向各小组管理者明确：上一个环节谁会与我对接，下一环节我需要与谁对接，对接人不见了该怎么办。如在茶奥会的仿宋茗战赛事活动中，负责选手签到的工作人员需要和候场的工作人员对接，候场工作人员需要和场上的工作人员对接，一环扣一环，这样活动才会有条不紊地进行。

3. 人员激活

活动工作人员安排结束后，需要给工作人员具体的动作指令，也就是要让工作人员明确需要做什么，什么时间做，在哪里做，这就是人员激活。人员激活应依次由总控人员分解工作任务到组长，组长分解各项工作给执行人员。只有这样工作人员才能明确自己的职责，更好地完成本职工作。

实训项目

【目的】掌握活动任务分解技巧，熟悉活动任务分工技巧及工作岗位职责。

【资料】根据前期活动节目设置及安排，对活动任务进行分解。

【要求】围绕前期活动节目流程，对现场活动任务进行分解，按照活动前期、活动中期和活动后期将任务分解做成表格，并根据表格安排工作人员，工作人员明确岗位职责，并完善工作任务进度表。

知识拓展

碾　茶

据辽代墓室壁画局部画面笔意所绘。可见两幼童一人碾茶，一人扇火。桌上摆有各类茶具。桌后髡发男子持一执壶正在备茶。茶碾是古代茶器之一，用以将茶碾成粉末。其材料以银、铁为适用。目前仍有草药小厂存用相似器具，使用手法与古人碾茶相类。

古代茶诗有不少谈到碾茶，如“碾雕白玉，罗织红纱”“碾成黄金粉，轻嫩如松花”“碾细香

尘起，烹新玉乳凝”“银瓶铜碾俱官样，恨欠纤纤为捧瓯”“黄金小碾飞琼雪，碧玉深瓯点雪芹”“茸分玉碾闻兰气，火暖金铛见雪花”等。

（资料来源：范纬．茶会流香：图说中国茶文化[M]. 北京：文物出版社，2019.）

任务三　茶会活动时间管理

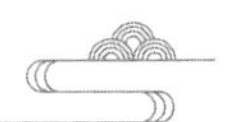

情境设置

任务提出：活动任务分解之后，必须明确规定每项工作的完成时间，这样才能保障工作顺利完成。茶会活动时间管理有什么技巧？

任务导入：根据前期任务分解，完善工作任务进度表，制定活动日程表，并用甘特图表示出来。

时间管理是控制活动过程长短和发生顺序，是一切活动执行的保障。为了保证茶会活动筹备过程中各项工作都能有序完成，必须进行合理的时间管理。时间管理是根据茶会活动的组织目标按照时间线索对活动组织的各种要素进行合理调度与配置，以保证活动的各项组织活动如期完成。

一、时间明线和暗线

在茶会活动的时间管理中，有两条时间线，一条是嘉宾和茶客们都看得到的明线，另一条是活动策划者和执行者看得到的，而嘉宾和茶客们看不到的暗线。活动的策划者和执行者必须对两条时间线都非常明确，并管理到位，这样才能让活动有序进行。

茶会活动时间管理

1. 活动时间明线

活动时间明线是指参与活动客体（嘉宾、茶客等）能看到的活动进程行为的时间线，具有明显的可视性，具体包括活动信息发布的时间、活动接待时间、活动流程、活动离场、活动后续跟进等，可以用活动日程安排表展现（见表 6-3）。活动管理中需要让参与者明确这些时间点。

表 6-3　活动日程安排表

日　期	时　间	活动内容	活动地点
5 月 16 日	9:30—10:00	茶叶博览会开幕式	杭州市民中心 G 座会议中心
5 月 17 日	14:00—16:30	中国茶产业联盟第一届理事会第二次常务理事会议和第二次理事会议	华美达酒店
	18:00—20:00	“品茗千年，中国之夜”品茶招待会	国博中心空中花园
5 月 18 日	10:00—12:00	开幕式暨“西湖论茶”第二届中国茶叶国际高峰论坛	国博中心 3A 会议室
	15:00—17:00	第二届国际茶咖对话活动	国博中心 3A 会议室

续表

日　期	时　间	活动内容	活动地点
5月19日	9:00—12:00	第二届中国当代茶文化发展论坛	国博中心3A会议室
	14:00—16:30	2018茶乡旅游发展大会	国博中心3A会议室
	14:00—14:40	“径山茶宴”国家非遗项目展示	国博中心1D馆前厅
5月20日	8:30—17:30	第八届中国茶产业经济研讨会	国博中心3A会议室
	8:30—12:00	龙井茶炒茶王争霸赛	国博中心1B馆前厅
5月22日	10:00—11:00	总结表彰会议	国博中心
展会期间	/	国际茶业电商节	国博中心3D馆前厅
5月18—20日	/	第二届中国国际斗茶大会	国博中心3B馆前厅

2. 活动时间暗线

活动时间暗线是指参与活动客体不能看到的活动进程行为的时间线，它与活动时间明线平行并系统支持时间明线的所有活动。活动时间暗线是活动的完整时间轴，包含了对活动时间明线的规划，并且包括活动的策划、筹备、执行与总结。

活动暗线是活动执行的时间进度，可用活动日程推进表展现。在茶会活动中，执行人员需要制定合理的活动日程推进表，并严格执行与管理，保障活动的顺利进行。

二、制定活动日程推进表

每个茶会活动都需要制定一份活动日程推进表，以便进行时间管理，明确各项工作任务安排的情况。制定活动日程推进表应注意以下四个方面。

茶会链接 6-3
茶约活动日程推进表

1. 选择合适的活动时间

为了有足够的时间准备活动，在确定活动日期之前需要分析工作内容以及工作强度，在此基础上确定活动时间。也有些活动一定要在特定日期举行，此时需要及时调整活动内容，简化活动内容，以确保在此时间活动可以有序进行。

2. 时间安排留有余量

在活动筹备过程中，总会有一些突发情况发生，因此在时间安排上，每项工作都要多留出一定的时间，这样可以保证接下来的工作能衔接上，否则一拖再拖，接下来工作很难开展，最终会影响整个活动的进度。

3. 确定关键工作的最后期限

对活动筹备中的关键工作，应确定最后完成的期限，如果未能如期完成，则需要启动另一套工作方案。

4. 公示活动日程推进表

将制定的工作时间安排设计成表格，表格应清晰、简洁、方便观看。将制定好的表格张贴在公告栏，让每一位工作人员做到心中有数。

三、茶会活动时间管理

茶会活动时间管理可以采用表格和图示的方式。表格可以用 Excel 制作打印，图示可以用甘特图展现。

甘特图又叫条状图(bar chart)，是以图示的方式、通过活动列表和时间刻度形象地表示出任何特定项目的活动顺序与持续时间，是一种重要的项目进度规划工具。图中横轴表示时间，纵轴表示活动(项目)，线条表示在整个期间上计划和实际的活动完成情况，如图 6-6 所示。

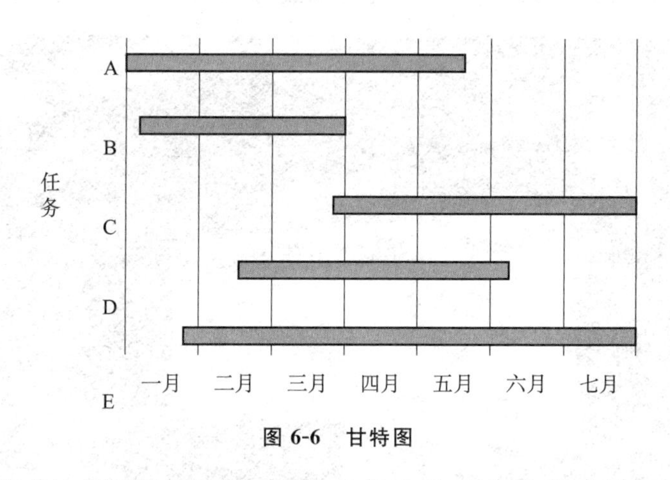

图 6-6　甘特图

甘特图可以直观地表明任务计划在什么时候进行，以及实际进展与计划要求的对比。管理者由此可清楚地了解还剩哪些工作要做，并可评估工作进度。

实训项目

【目的】掌握活动日程表的制作方法。

【资料】根据前期活动节目设置及安排、活动的任务分解表。

【要求】围绕前期活动的准备，制定活动日程表和甘特图。

任务四　茶会活动场地布局

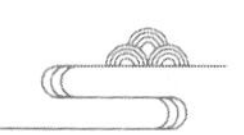

情境设置

任务提出：茶会活动需要活动场地，还需要合理布局。茶会活动场地包含哪些功能区，有哪些布局的技巧？茶会活动场地需要适当装饰和营造氛围，又称活动场景设计，茶会活动场景设计需要遵循哪些原则？茶会氛围营造有哪些主要内容？

任务导入：根据活动场地现场图，进行活动功能布局图设计；根据活动场景设计的原则进行活动场景的设计。

一、茶会活动场地分区

茶会活动场地布局

选择好茶会活动场地后，需要对整个场地进行功能布局。茶会活动一般需要以下几个区域。

1. 主舞台区

不论是小型茶席式茶会还是大型茶会活动，都需要一个可以进行表演的主舞台区。主舞台区可以由自然的主背景构成，如山水、竹林、建筑等，也可以由 LED 或背景板搭建而成，如图 6-7 所示为有美茶宴主舞台区。

图 6-7　有美茶宴主舞台区

2. 观众区

观众区位于主舞台区的对面，设置形式可根据茶会活动的形式调整，如大型茶会活动的观众区可能是一排排的座椅，中小型茶会活动的观众区可以是茶席。图 6-8 所示为第六届中华茶奥会仿宋茗战赛项的观众区。

3. 接待区

无论是大型茶会活动还是小型茶会活动，都需要设置一个接待区，接待区一般设置在茶友们进出的主入口，包括签到区域和嘉宾休息区域，其中签到区域需要根据活动规模营造不同的签到氛围。

4. 音响区

音响区一般设置在主舞台的左侧，这样与主持人或者演职人员上下舞台不冲突，也可以根据场地的实际情况来定。其面积可根据活动规模进行调整。

5. 烧水控制区

每场茶会活动都需要有烧水控制区，这是茶会活动与其他活动的不同之处，这个区域一

图 6-8　第六届中华茶奥会仿宋茗战赛项的观众区

般设置在有稳定电源且相对隐蔽的区域。

6. 物料区

茶会活动一般需要很多物料，这需要在物料区专门放置。物料区一般设在隐蔽区域，也可以和烧水控制区在同一区域。

二、茶会活动场景设计

对选定的活动场所进行统一整理和安排，并进行适当的装饰和氛围营造，称作活动场景设计。茶会活动场景的特点是文化氛围浓厚、环境精美雅致，给人以舒缓放松的感觉，因此设计时需要综合考虑视觉、听觉、嗅觉等的多种感官体验的策划。活动场景设计需要直接落地执行，更具有专业性和统筹性。

茶会链接 6-4
“茶约夏至　茗香旅院”
活动流程

（一）活动场景设计原则

1. 突出活动主题

活动场景设计中最重要的原则是突出主题，可以通过主背景、主题条幅、签到墙、导向系统、舞台设计等实现，如图 6-9 和图 6-10 所示。

图 6-9　签到墙

图 6-10　导向系统

2. 营造活动现场氛围

茶会活动现场氛围应突出茶文化和中国传统文化的特点。小型茶会活动现场氛围营造可通过精美的茶席、茶器具，以及插花、香道、挂画、古典音乐等来展现，如图 6-11 所示。大型茶会活动的氛围营造可通过签到墙、主背景、侧背景、主题条幅、导向系统等来展现。

图 6-11　现场氛围展现

3. 保障充足的物料

活动场景设计中必须要有保障活动顺利进行的物料，如茶器具、烧水备具等。

4. 宣传品牌形象

活动场景设计中必须包含可以宣传品牌形象的元素，如活动背景和海报等。

（二）氛围营造内容

1. 主背景

主背景是活动主舞台后方的背景，可以用喷绘、投影、LED 屏，也可以山水实景为背景。

2. 主题条幅

有些活动为了凸显活动主题，会在活动场外用丝布、喷绘、LED屏等烘托活动氛围。

3. 侧背景

在活动主舞台的两侧，可以用易拉宝、展架凸显活动氛围。

4. 舞台

舞台是每个活动的主阵地，可以用固有平台、搭建式舞台、茶席来布局。

5. 活动签到

大型活动可以用签到背景墙，小型系统可用雅致的签到系统，如图6-12所示。

图6-12　签到系统

6. 导向系统

每个活动都需要一些引导宾客从外场来到主场的导向系统，如方位指示系统、停车指示系统、签到导向系统等，如图6-13所示。

图6-13　导向系统

7. 点缀系统

活动现场点缀系统包括灯光、插花、挂画等，如图6-14所示的端午雅集用香和插花形成了点缀系统。

图 6-14　点缀系统

8. 主题系统

所有可执行的物品需要传达活动主题，大到主背景，小到一个茶具的选择，都要与茶会活动的主题相吻合，如图 6-15 所示。

图 6-15　主题系统

9. 品牌系统

活动中可以宣传活动本身、主办单位、产品的物品都可以称为品牌系统，如海报、参会嘉宾的伴手礼。

10. 功能系统

功能系统包含每个茶会活动中必须要用到的物品，如每个茶席上的席方、桌旗、节目单、茶具、茶品、茶点、席卡等。

11. 创意系统

创意系统是为了打破常见形式，吸引参与活动的人，需要因时、因地、因人设计。

实训项目

【目的】掌握活动场地布局的技巧，掌握活动场景设计的原则。

【资料】活动场地布局图和活动策划方案、活动具体要求等。

【要求】掌握活动场地的画法，合理设置不同的功能区，并用手绘或计算机绘制的方式制作出效果图；运用活动情景设计的原则进行氛围营造。

知识拓展

三癸茶亭

颜真卿（709—784年），字清臣，京兆万年（今陕西西安）人。唐代书法家。历官平原太守、吏部尚书、太子太师，封鲁郡公。唐代诗僧皎然作过一首《奉和颜使君真卿与陆处士羽登妙喜寺三癸亭》，诗中有“缮亭历三癸”。

这是怎么回事呢？原来，颜真卿受到奸臣排挤，被贬为湖州刺史。任上结识了陆羽及皎然等人。陆羽崇敬颜真卿正直人品，并协助其完成了著作《韵海镜源》。为了使文人雅集有固定场所，陆羽建议在妙喜寺旁建一茶亭。茶亭由陆羽亲自设计，于公元773年的一天——恰为癸丑年、癸卯月、癸亥日完工，所以定名“三癸亭”，由颜真卿亲笔题匾，并留有诗作一首。茶亭建成后茶会不断，因而也留下许多即席而作的咏茶之诗，其中颜真卿的《五言月夜啜茶联句》尤为有名。

（资料来源：范纬．茶会流香——图说中国古代茶文化[M].北京：文物出版社，2019.）

任务五　茶会活动物料准备

情境设置

任务提出：活动执行过程中，活动执行者需要明确本小组要用到的或要准备的物料有哪些，那么不同岗位的工作人员需要准备哪些物料呢？

任务导入：根据前期的活动策划，准备不同岗位的活动物料。

活动物料是活动现场为了呈现活动效果所需要的物料。在活动筹备阶段，负责活动物料准备的工作人员需要协调其他各小组人员进行活动物料的统计，协调物料准备、采购、租借等。一般情况下，可以按照不同岗位工作人员准备活动物料，如表6-4所示。

茶会活动物料准备

表 6-4　不同岗位工作人员的活动物料准备表

序号	工作人员	物料准备
1	活动策划组	执行方案、任务分工表、活动进度表、节目流程表、活动物料表
2	宣传推广组	活动营销方案、宣传板、宣传手册物料、邀请函
3	接待迎宾组	签到台、签到名单、联系方式、台签、纸笔、茶点、迎客茶
4	热水控制组	水、烧水壶、保暖水壶、接线板、电源、烧水茶桌
5	活动演艺组	舞台、舞台背景、音响、话筒、计算机、背景音乐、主持人及串词、嘉宾致辞、主持人服装、活动奖品及奖状等；表演茶器具、道具、服装、音乐、茶、茶具、茶点
6	后勤保障组	桌、椅、台签、茶席、节目单、活动宣传手册、茶点、茶器具等用品和氛围营造物料
7	新闻摄影组	摄影摄像器材
8	物料管理组	分组物料表

注：不同活动所需准备物料会有变化

活动策划组需要准备的活动物料是活动的执行方案、任务分工表、工作进度表、节目流程表等，同时分发给每个小组的组长，以便做到信息公开化，各部门或小组之间可以统筹协调。

宣传推广组需要准备的物料有活动营销方案，根据营销方案进行活动推广；同时，活动现场需要的宣传资料包括海报、KT 板、POP、活动宣传手册等的资料；还需要设计好邀请函，为嘉宾邀请做准备。

接待迎宾组需要准备签到台、签到名单、联系方式、台签、纸笔；以及茶点和迎客茶为嘉宾到来做准备。

热水控制组需要准备现场活动所需要的矿泉水、烧水壶、烧水稳定电源、接线板、保暖水壶，烧水茶桌等。

活动演艺组需要的物料有活动现场舞台、舞台背景、音响、话筒、计算机、背景音乐、主持人及串词、嘉宾致辞、主持人服装、活动奖品及奖状等；表演茶器具、道具、服装、音乐、茶、茶具、茶点等。以上有些物料需要活动营销组和物料管理组等共同提供，活动演艺人员需要和物料管理组人员共同协调准备表演用的物料，或现场环境氛围营造的物料，如图 6-16 所示。

图 6-16　活动演艺组物料准备

后勤保障组需要协调物料组将现场桌、椅、台签、茶席、节目单、活动宣传手册、茶点、茶器具等提供整理好，并确保物料按照场地布置图来完成布置。

新闻摄影组需要准备好摄影器材，并保证器材电量充足。

物料管理组需要对现场的所有物料做到心中有数，活动结束后进行回收和管理。

实训项目

【目的】明确本小组和全场活动需要准备的物料。

【资料】前期活动策划方案和任务分解表。

【要求】确定本小组活动物料，并着手准备。

知识拓展

饮茶观花

古往今来在爱好品饮茗茶方面，夫唱妇随者并不寡见。清代《浮生六记》记录了茶熟香温之际，夫妇对饮、见句联吟，极有品质的生活。夫人对丈夫外出交友参加茶会活动也非常支持。某日，几位文友想一起观花游景，但在协商途中餐饮时产生分歧，是对花冷饮还是空腹观花，或是另觅茶坊，但终觉不如对花饮热茶为妙。在众议未定之时，贤惠的夫人在一旁言道："各位各出杖头钱，我自担炉火来。"议定后众人散去。作者问其缘由。夫人道："我在市上见有卖馄饨的，挑子锅灶齐备，可以雇他一起前往。我把饭菜事前备齐，到时你们热一热便可"。作者又问："可是茶乏烹具呀！"夫人道："携一砂罐去，以铁叉串罐柄，去其锅，悬于行灶中，加柴火煎茶，不亦便乎！"第二日的游戏活动中，夫人所想出的办法，效果不仅令同去者满意，就是见到这种茶饮方式的其他游客也"莫不羡为奇想"。

（资料来源：范纬．茶会流香：图说中国茶文化[M]．北京：文物出版社，2019.）

任务六　茶会活动风险控制

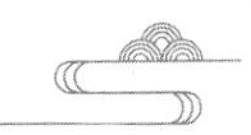

情境设置

任务提出：在实际活动筹备过程中，总会出现一些意外或与计划不一致的情况，这些风险有哪些类别，应该如何控制呢？

任务导入：根据前期的活动策划，分析不同岗位会出现的风险，并制定相应的应对策划。

茶会活动风险控制

活动虽然经过精心策划和准备，但是在实际进行过程中，总会有一些意外情况与计划不一致。影响活动效果的意外事件被称为活动风险，如茶会活动中烧水时电源突然跳闸，准备好的户外活动突然下雨，颁奖时突然发现忘记带奖状，活动开始时间到了但是致辞的嘉宾还没有到等，这些都是在活动具体执行中常出现的意外事件。这些意外事件虽然很小，但是对主办方或者执行者产生的不良影响难以估计，因此在活动筹备过程中，不仅要做好计划，还要考虑会有哪些活动风险。

一、活动风险类别

一般情况下，活动风险类别可以根据风险程度和风险发生频率进行划分。风险程度是意外事件所能引起的负面影响或损失程度。一般情况下风险程度与风险发生频率成反比，风险发生频率越高，风险程度越低；反之，风险发生频率越低，风险程度越高。

根据风险程度，可以将活动中出现的风险事件分为低风险事件、中风险事件和高风险事件。低风险事件是在活动中发生频率极高，对活动产生不良影响及损失较轻的风险。中风险事件是在活动中发生的频率一般，对活动产生一定的不良影响或造成一定损失的风险。高风险事件是在活动中发生的频率较少或几乎不会发生，但对活动会产生严重的不良影响或造成巨大的风险。

活动执行中以追求完美的原则去执行，但是活动中不可避免会有一些意外产生。因此，应尽量避免高风险事件发生，减少中低风险事件，做好整个活动。

二、茶会活动风险控制方法

活动筹备中应尽量避免意外事件的发生，进行活动风险控制。活动筹备过程中应全面考虑活动中会出现的风险，并将活动风险列出来，以避免活动风险事件的产生。每个小组都应全面考虑潜在的风险，并做出相应的预案。这需要先识别风险的类别，根据风险进行有意识的规避。

1. 识别风险来源

风险来源，可以分为宾客方的隐患、自身管理中的风险隐患，有些如果和第三方合作时，还有第三方的风险隐患。如果活动中没有第三方管理，则全部由承办方负责。

宾客方的隐患主要集中在宾客们对活动的配合程度和活动本身的认可度上，这一风险事件较少发生，但也会存在，这一风险的不可控性极高。

自身风险隐患和第三方风险隐患会出现在人员、物料和场地保障上。其中人员风险占的比例也不算很大，而且可以通过总控人员、结对人员和机动人员现场协调的方式把这个隐患最小化。相对发生较多的风险就是活动物料了，如果按照活动的现场物料进行分解，分为设备类、现场物料类和节目类。其中现场物料类大多属于低风险，而设备绝对属于“中风险”了。表 6-5 所示为风险来源的识别。

表 6-5　风险来源的识别

风险来源	风险举例	风险类别
宾客方风险隐患	致辞嘉宾不能按时到场	低风险
	参会茶友突发身体情况	中风险
自身人员风险	工作人员缺岗	中风险
	工作人员工作失误	视失误情况确定

续表

风险来源	风 险 举 例	风险类别
自身物料风险	现场物料缺失或丢失	视物料丢失情况确定
	现场物料数量不够	低风险
	物料质量低劣，影响活动效果	视物料重要程度确定
第三方人员风险隐患	第三方人员未按时到位	中风险
	第三方专业操作不熟练	中风险
	第三方误闯活动场地，并扰乱活动秩序	中风险
第三方物料风险隐患	话筒临时发现没有电	低风险
	演职人员未及时到位	中风险
	物料或设施上面出现错字	低风险
第三方场地风险隐患	场地电源不稳定	中风险
	户外场地是否处在风口（会吹乱茶席）	中风险
	大型茶会活动场地出入口数量较少	中风险

注：若无第三方，所有的隐患由承办方负责控制。

2. 制定应对策略

充分识别风险类别后，需要有意识地制定出现相应风险时的应对策略。

应对低风险事件时，主要是需要完善活动执行方案、加强活动过程监控、配备机动人员与机动预算。如活动开始之前，负责舞台效果的人员需要检查话筒电源是否充足；活动现场布置人员需要检查重点活动项目的物料是否齐全，指示牌有无位置差错等。

应对中风险事件时，除了需要注意规避以上隐患外，还需要制定备用方案。这不是因为我们对既定计划和方案没有信心，而是环境总处于变化之中，需要尽可能考虑变化因素，如演职人员未到位，可安排替补人员。

应对高风险事件时，首先要在筹备过程中考虑周全，尽量避免该类别事件发生，同时也要考虑如果真的发生了应该如何应对，提高事后处理能力。这要求有强大的决策机制和执行团队，有时还需要危机公关人员。

实训项目

【目的】认识活动风险类别，制定风险应对策略。

【资料】前期活动策划方案、任务分解表等。

【要求】寻找本小组活动存在的风险，并制定风险应对策略。

知识拓展

2021 年杭州茶文化博览会开幕式暨西湖龙井开茶节开幕

自在西湖外，茶享龙坞里。3 月 26 日，2021 年杭州茶文化博览会暨西湖龙井开茶节于杭州龙坞茶镇正式开幕。本次活动由杭州市人民政府、中国国际茶文化研究会、杭州市茶文化研究会主办，西湖区人民政府、杭州市文化广电旅游局承办。

西湖区西湖龙井炒茶王大赛是每年春茶时节的保留项目，在开幕式上，首先进行了本届炒茶王大赛颁奖典礼，为获得本届大赛“大王赛”和“新锐赛”奖项的9位选手授予证书。浙江省农业农村厅农技推广中心茶叶首席专家详细介绍了西湖龙井炒制技艺。

开幕式上，杭州市西湖区龙井茶产业协会会长就西湖龙井品牌保护工作及如何保障茶叶质量安全等话题进行了介绍。据了解，为更好地对西湖龙井进行品牌保护，杭州市将对茶农分散销售的西湖龙井茶实行统一包装，让线上购买茶叶的消费者更有保障。

本次西湖龙井茶开茶节还以龙坞美好生活创享市集、茶文化进企业、主播早春探茶活动、品茗茶·迎亚运·享骑行等一系列活动，为西湖龙井新茶上市做推广，展示龙坞茶镇茶产业、茶科技、茶旅游、茶文化全产业链融合发展的风貌。

项目七 茶会活动执行

※ 掌握茶会活动接待技巧，设计茶会接待流程。
※ 掌握活动流程管理技巧，设计活动流程表。
※ 掌握活动物料管理内容，设计活动分区物料管理表，保管与收发物料。
※ 掌握茶会活动现场安全管理，学会应对突发事件。

※ 通过茶会活动执行，培养考虑周全、精益求精的专业精神。
※ 通过茶会活动流程管理，培养遵守流程的办事精神，提高灵活机动的处事能力。

任务一　茶会活动接待管理

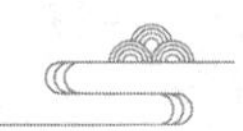

情境设置

任务提出：在活动执行时，现场接待作为现场管理的第一任务，其工作内容是什么？现场接待工作又有哪些步骤？如何进行现场接待管理？

任务导入：依据茶会活动方案，拟定茶会接待方案，并对接待组工作人员任务表进行细化。

活动接待是指各种组织在活动中对来访者进行的迎送、招待、沟通、咨询等辅助管理活动。活动接待是活动现场管理的第一任务，是保证活动现场疏导与管理工作顺利开展的基础。茶会活动现场接待有其特殊性，对服务人员的专业能力有较高要求。如果活动场地条件符合，可以运用高科技技术或者现代通信设备提高接待服务质量与接待管理效率；如果条件不符合，就需要在接待方面多安排一些工作人员与志愿者，以人力接待、疏导为主。

一、茶会接待工作管理

茶会接待工作管理

接待工作在一场茶会活动中至关重要，一次妥当的接待管理，可以增强参与者对茶会的良好印象，树立茶会主办单位的良好形象，也可以加强对外联系和交流。

在茶会活动接待前，应根据茶会活动的规格、接待目的、接待要求、参加茶会人员的职务、到达时间、人数、逗留时间等，制定相应的接待方案，成立茶会接待组，编制接待日程安排表、接待人员职能表、接待标准等。

1. 接待准备

(1) 邀请嘉宾

主办方和承办方共同确定领导、嘉宾、客人的名单，并提前制作邀请函，发送给嘉宾。邀请函一定要明确活动的主题、时间、地点、主办单位、承办单位、联系方式等信息，同时可以设计一些活动的亮点或奖励说明，以及活动地点的交通信息等，如图 7-1 所示。

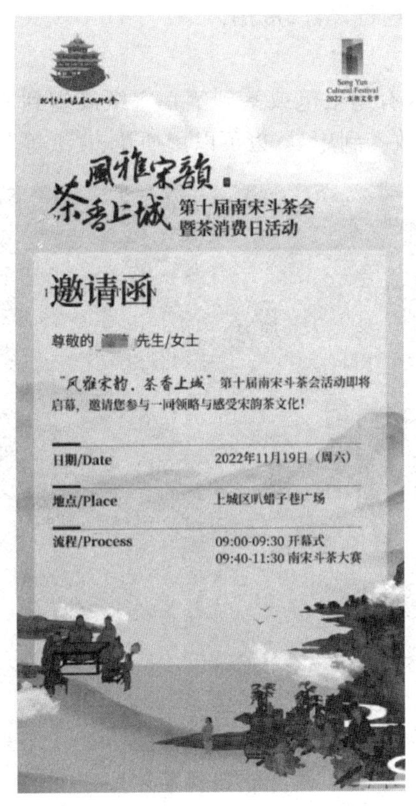

图 7-1　邀请函

(2) 设计接待路线

根据茶会的规模及邀请的嘉宾确定茶会接待规格及茶会接待事宜，针对重要的客人可以拟定接待行进路线图，充分考虑会出现的问题，并模拟接待。

(3) 准备发言稿

活动主办方需要拟定领导或特邀嘉宾的发言稿，大型茶会若设置送别环节，则需要拟定欢迎辞、送别辞。

(4) 制作表单

确定参加茶会的人员名单，制作桌牌、席位卡、签到表等。

(5) 准备物料

准备接待物料并装袋，有些茶会需要准备企业的资料、伴手礼等，可装袋在签到时领取。

(6) 确认接待人员

活动组织方需要确定参与接待领导、嘉宾的接待工作人员及迎宾人员，根据接待级别的不同确定不同的接待规格。

(7) 设计接待氛围

确定接待现场的氛围布置，如接待签到席、签到方式等。

2. 接待方式策划

妥当的茶会接待可以给人良好的第一感觉，独特和雅致的接待则可以进一步吸引客人的注意，并让客人迅速融入茶会氛围。目前，小型茶会的接待主要有签到、净手、奉迎客茶三个环节，可根据茶会实际情况进行设计、应用。

(1) 签到

目前比较流行的签到方式有用毛笔或签到笔在宣纸或签到册签到，凸显书香氛围。签到席的设计很关键，可以简单摆放签到用具，也可以用插花、宣纸等营造氛围，如图 7-2 所示。

图 7-2　签到席设计

(2) 净手

净手入席对茶会来说是庄重的仪式。净手除了可以洗去手上的异味和除菌，还可以让人净心，从一个喧嚣的世界进入一个清幽安静的空间，静心品茶、习茶。在净手方式的设计上，可用菊花、金银花、茉莉花等煮水净手，并在净手的水中加入花瓣，不仅有仪式感，这些花还有除菌、消炎的功效。图 7-3 和图 7-4 是净手环节以及使用茉莉花和菊花制作的茶会净手席。

(3) 奉迎客茶

在小型茶会活动中，一般会为客人准备一道迎客茶，在客人到茶会现场或入座时奉上。迎客茶一般会用煮好的老白茶，比较方便准备。

大型茶会因为客人较多，签到相对简单，通常使用签到笔签到，为了增强仪式感可以设计签到墙。在信息时代，也可以用扫描二维码的方式签到，这种方式尤其适合大型户外茶会，极大方便了接待管理，可快速统计参与的人数。

茶会链接 7-1
“半盏清茶一品龙坞”
茶会案例

图 7-3　净手环节

图 7-4　茶会净手席

3. 接待人员准备

接待人员是茶会活动的形象窗口，因此接待人员的选择相对重要。小型茶会可安排茶艺师或演职人员兼职接待工作；大型茶会可聘请礼仪服务人员。需要明确对接待人员的要求、数量，尽早联系、确定，并在茶会前进行接待培训，实地演习接待流程，模拟活动现场客人行走路线，明确岗位分工（门岗、廊岗、签到台、茶水台、内场接待、贵宾室服务与签到、迎送服务），让所有接待人员都了解接待预案。

二、接待工作步骤

大型茶会活动的接待工作步骤一般为迎宾、签到引领入席、送客，小型茶会活动的接待工作步骤可以分为迎宾、签到、净手、引领入席、奉迎客茶、送客。

1. 迎宾

在小型活动开始前半小时，大型活动开始前1小时，做好迎接准备。活动过程中迎宾人员应一直在现场迎宾，不让客人久候或自寻活动场地。一定要提前掌握重要嘉宾的抵达时间，提前到达迎接位置，以示欢迎与尊重。迎宾人员见到客人要热情相迎，主动上前打招呼、行礼、问候以示欢迎，礼貌地问清客人情况，不要接错人，既保证迎宾顺利，又增加客人的自豪感，增进双方感情。

2. 签到

工作人员指引客人在相应的位置签到，并告诉对方活动的注意事项，同时可以指引客人到净手处。

3. 净手

净手可采用不同方式，可以用勺舀水冲洗，这需要准备好可以承接废水的、大的盛水盂和干纸巾，也可以用准备好的净手水沾湿擦手巾来擦手。

4. 引领入席

客人签到、净手完成后，可以根据现场的安排引领客人到休息区或者到茶会相应的位置入座。

5. 奉迎客茶

客人入席后，送上迎客茶，并及时为客人添茶。

6. 送客

送客是接待工作的最后一环，需要重视，可以根据活动策划适当馈赠伴手礼，并提醒客人携带随身物品或活动物料等。送客人至门口或安排的车辆处，挥手告别并配以关切牵挂的道别语，待客人离开后再离开。为表隆重，参加接待服务的工作人员可在活动场地列队欢送。

三、茶会接待现场管理

接待现场管理是对活动现场接待工作管理的过程，活动接待现场的接待人员需要对客人的需求变化进行迅速反应，活动接待后应对活动的接待服务情况进行评估，以便改进。

茶会接待现场管理

活动接待现场管理需要做到物料到位（准备签到物料和迎宾物料）、人员到位（安排工作人员，明确告知工作内容。）、客流管控（维护现场秩序，有序管理客流）

1. 物料到位

接待物料包括签到物料和迎宾物料。

（1）签到物料

签到物料主要有签到台、嘉宾名单、签到表、签到用的纸笔。

签到台可以根据茶会活动的性质和特征进行布置，安排更具文化特色的签到方式，如小型茶会活动的签到可以运用书香气息的签到方式，用毛笔在宣纸上或画轴上签到等；现代的大型活动可以利用智能化的扫码签到，这样可以节约很多人力和物力，减少签到时的人员聚集。

（2）迎宾物料

迎宾物料主要有迎客茶和茶点，有些茶会活动还会为嘉宾准备伴手礼。茶点是给喝茶的茶客们充饥所用，一般为点心和水果，以方便饮食为主。伴手礼是为到来的嘉宾准备一些礼品，一般以特色的或自家的茶品为主。

2. 人员到位

茶会接待工作的工作人员包括签到人员、迎宾人员、引领人员，小型活动的工作人员有限，可以安排1～2人作为活动接待工作人员，大型活动则应多安排几位接待人员。

活动开始前，组织者应安排工作人员将签到物料和迎宾物料准备好。

迎宾人员：活动开始时由迎宾人员迎接客人，指引客人签到。

签到人员：负责协调客人签到，同时负责联系未到的重要嘉宾，并及时与现场总指挥沟通，若是时间到了，重要嘉宾仍未到，则活动要及时调整。

引领人员：负责引领嘉宾和客人找到自己的位置。若活动还未开始，引领人员可引领他们前往休息区等候活动开始，并为他们奉上迎客茶及茶点等。重要嘉宾一般需要安排领导对等一对一负责接待陪同。

活动过程中，迎宾人员、引领人员要随时了解嘉宾和客人的需求并及时提供帮助。

活动结束后，迎宾人员应与主办方领导一同欢送嘉宾和客人离开。

3. 客流管控

活动现场的良好秩序对活动来说十分重要，需要确保现场的客流量不能超出承载范围，尤其是封闭空间的小型茶会，应严格限制客人数量，在确保安全的同时确保活动的效果。室外的大型活动需要疏导客流，进行有序的进出管理，可以通过指示工具的运用、活动内容的安排和活动现场的布局等进行客流的管控，减少拥挤，保证活动的效果。

实训项目

【目的】掌握茶会活动接待方案内容和接待现场管理要点。

【资料】项目三中的活动主题策划和活动项目策划。

【要求】围绕项目三任务二、任务三中策划的活动主题，以及任务四中设计的活动项目，进行活动接待方案拟定，分组进行接待现场服务与管理训练。

知识拓展

品茶诗会

庚午春日（1990年4月26日）浙江省诗词学会和“茶人之家”联合举行了一次品茶诗会。

会上品茗吟诗，挥毫抒情。时值江南三月，草绿莺啼；西子摇篮，双峰滴翠；灵隐道上，游客如云；植物园中，奇花斗艳。一时间，茶烟与诗韵同飘，茶人和诗人共乐。当茶兴、诗兴正浓之际，又乘兴去龙井茶乡梅家坞一带进行茶访、茶游。对此“又得浮生一日闲”的茶诗活动，与会者都认为是别开生面。

这次品茶诗会活动，更有意义在茶诗以外，可以称为有茶外意、诗外音。就是为了怀念周恩来总理。周恩来总理曾不辞辛劳，陪同外宾，前后五次访问梅家坞茶乡，其中第一次就是在 1957 年 4 月 26 日。我们选择这一天，也就是为了纪念他的高风亮节，茶德茶风。以茶代祭，以诗缅怀。我们在马年春日，品龙井茶，赋诗怀念先烈，就更具有龙马精神，时代气息。

任务二　茶会活动流程管理

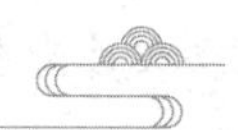

情境设置

任务提出：举办活动的重点在于现场执行，现场执行中最重要的是活动现场的统筹、活动时间的掌控和活动流程的统一管理。活动统筹、时间管理和流程管理中需要注意哪些内容？

任务导入：依据活动现场执行的时间管理和流程管理的技巧，画出茶会活动统筹思维导图，思考如何进行本小组茶会活动的现场执行管理。

一、茶会活动统筹

茶会活动流程管理

活动统筹是指活动中需在执行现场处理的具体事项，内容有：活动方案的执行及活动计划的统筹安排；活动合作单位的沟通协调及后期维护；执行活动过程的统筹安排（场地准备、活动人员组织通知及协调等）；活动现场收集、整理、分析资料，并形成下次活动的改进意见。茶会活动统筹是让所有工作组彼此配合，让整个茶会活动顺利运行的基础。在小型茶会活动中，活动统筹一人便可完成，而在大型茶会活动中，往往需要多人共同完成。

1. 现场确认工作

茶会活动统筹的第一项内容是现场确认工作，包括确认茶会活动所有物料到位情况，确认物料领用情况，确认制作物到位情况，检查制作物质量，确认现场设备，确认演艺人员，确认服装道具，确认各工作组工作人员到位情况，确认车辆，确认行程，确认时间，确认场地等。

2. 现场布置工作

在现场布置中，活动统筹的工作内容包括与场地方沟通、与主办方、协办方对接人沟通，督促现场布置，关注现场安全，监督现场，检查舞美氛围包装，协调人员，处理突发情况，检查漏洞，监督彩排情况等。

3. 现场活动执行工作

在现场确认工作与现场布置工作完成后，随着时间的推进，各工作组已经进入工作执行状态，各司其职，那么活动统筹人员是否可以作为活动参与者参与品茶或其他活动项目呢？只有在特定环节，根据活动策划的需要，活动统筹人员才可以进入场地参与活动，否则活动统筹人员必须随时监控活动执行情况，把控活动节奏，通过主持人推进或延缓茶会活动进程；监控工作组工作情况，确保活动顺利进行；确保工作人员沟通顺畅，尤其是大型茶会活动流程多、工作人员多，确保沟通渠道通畅非常重要；监控现场物料情况，随时查缺补漏。活动执行现场容不得一点闪失，活动没有重来的机会。

4. 活动收尾工作

在活动结束后，各个工作组各司其职，根据工作分工进行活动收尾工作。活动统筹人员需要监督现场撤场，检查现场有无损坏，与场地方沟通确认现场，办理相关手续，监督物料回收情况，配合活动评估工作要求收集相关评估资料。

二、茶会活动现场执行

（一）活动现场时间把控

活动现场时间把控最关键的要素是准时和精确。

1. 准时

活动在策划筹备过程中，都会制定完整的活动流程和时间推进表。如希望活动顺利开展，就应按照活动的时间推进表准时推进活动的进程，不能有任何准备环节和活动现场流程出现延迟的问题，否则后面的活动就会受影响。尤其是活动开始的时间一定要准时，活动开始得准时，活动现场时间把控在嘉宾和客人的认知中已经成功了一半。

2. 精确

活动流程表在制定的过程中，每个环节都要环环相扣，除了准时，还要精确。很多活动在现场执行中是以分钟来管理的，如嘉宾入场 30 分钟，主持人开场 5 分钟，领导致辞 3 分钟。但是活动现场执行过程中，要想做到时间精确，每个环节的时间最好以秒来计算。如果以秒来计算，在执行中出现临时情况和变化最多导致分钟的变化，也就是可能会有几分钟的偏差，这是可以接受的；但如果用分钟来控制整场活动，最后可能会出现十几至几十分钟的偏差。

（二）活动流程立体管理

活动流程立体管理主要是针对活动流程的管理，是将活动的每个环节进行梳理，按照时间进程和不同工作岗位进行的流程管理。在每场活动中都会制定严谨的活动流程表，这份流程表一定要让现场每个区块的工作人员人手一份，而且是时间节点一致的版本。在活动现场，除了总指挥需要活动流程表外，活动主持人、音控、灯光师、舞台表演人员等都需要详细的、精确到秒的活动流程。但是每位工作人员手中的活动流程的表往往会因自己工作的不同，具体的工作节点会存在差异。活动流程的立体管理让活动执行中不用过多的语言沟通就可以默契、有序地配合完成各项工作。

（三）活动现场氛围控制

活动现场氛围控制也是活动执行管理中非常关键的环节，如果没有现场的活动氛围，来宾就会缺乏热情和参与度。首先，活动现场氛围中活动项目的设计和环节的设置非常关键，可以通过活动项目的设计调动观众的情绪，从被动注意转移到主动注意。其次，活动现场的环境氛围的营造也是调动参与者积极性的重要方面，茶会活动中的环境氛围可以通过现场的茶席、茶具、插花、香薰、灯光等来控制，这些都可以给人最直接的氛围感受。最后，活动现场气氛点的设置也很关键，在茶会活动中主要依靠背景音乐来调节气氛点。大型活动现场氛围需要有活力、气氛热烈，可用富有活力的音乐作为背景；小型茶会活动一般以悠扬、安静的古典乐曲作为背景。同时，在茶会中将音乐插入对话或环境中，更能增强情感的表达，让观众有身临其境的感受。

实训项目

【目的】掌握茶会活动现场活动执行的主要内容。

【资料】梳理茶会活动筹备中不同工作组的分工要点及工作重合点，梳理茶会现场活动统筹工作流程与要点，依据本小组前期活动执行方案、活动流程等。

【要求】完成茶会活动统筹工作思维导图，细化活动流程时间点，设计符合活动现场的背景音乐。

知识拓展

第八届清河坊民间茶会在鼓楼举办

逛茶市、赏茶艺、品新茗……，2013 年中国(杭州)西湖国际茶文化博览会重要项目之一的清河坊民间茶会，在南宋御街的鼓楼小广场拉开序幕。在为期 7 天的茶会期间，清河坊民间茶会组委会推出了问茶、品茶、忆茶、猜茶、展茶五大活动，展示了“茶都”杭州的茶文化魅力。

清河坊民间茶会已经成功举办了七届，第八届清河坊民间茶会，除保留原有群众参与度较高、影响较大的项目外，又增加了茶会的可看性、保健性、知识性、时尚性，既充分展现“茶都”杭州历史悠久的民俗文化，又进一步挖掘杭州茶文化的许多丰富内涵，为大家展示了当地茶文化的新发展。本次清河坊民间茶会在多个区域开展，时间为 4 月 12—18 日，内容分为以下七个活动项目。

开幕式：地点在中山中路鼓楼小广场，举行简短的清河坊民间茶会开“汤”仪式。

大碗茶比赛：伍公山州治广场举行大碗茶大赛，以喝大碗茶、鉴茶品、听越剧带来味觉和听觉的享受。

老街问茶：茶会期间，在南宋御街、清河坊，方回春堂、宝芝林等沿街药店，邀请市民一起参与药茶的制作，免费施赠茶水，邀请市民免费品饮。

品茶：在清河坊主街，各家茶店将在室外摆放桌椅，邀请游客免费品茶，欣赏老师傅精湛

的炒茶技艺。

微博忆茶:本届茶会官方微博邀请人们参与互动,分享自己与茶叶的故事,各位网友只要关注“南宋御街清河坊历史街区”微博,转发并@三位以上好友,或用微博和网友分享关于茶的故事,就有机会获得千元大礼。

猜茶谜、游老街:穿梭于河坊街、南宋御街、吴山广场的观光电瓶车上悬挂各种茶谜,乘坐电瓶车的游客,可以边猜茶谜、边游老街。

清河坊茶会茶叶茶具展销会:在吴山广场、清河坊主街的展位里,展示宣传西湖龙井、安吉白茶、乌龙茶、普洱茶,以及各式各样的茶制品、名优茶、茶具、茶艺术品,人们可以尽情欣赏、挑选,更好地了解这些原地名茶文化。

任务三 茶会活动物料管理

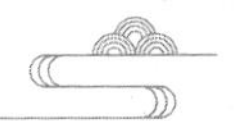

情境设置

任务提出:为了保证活动顺利进行,活动现场的物料管理也非常重要,物料的采购、保管、发放、监督管理等,每一步都不能少,那么在茶会活动中,物料应该怎样管理?

任务导入:依据之前的茶会活动策划方案,根据茶会分区拟定茶会活动物料明细表。

茶会活动物料管理是指主办方在茶会过程中,对所需物料的采购、使用、储备、收发等行为进行计划、组织与控制。物料管理的目的是降低活动成本;按质、按量、按时、配套地供应各种物料;合理储备物料,合理使用物料;降低物料消耗,减少储运损耗。

茶会活动物料管理

一、茶会活动分区物料管理

茶会活动的物料数量多、种类杂,在活动执行时,物料管理也是十分重要的内容。活动现场的物料管理一般按照分区管理、分项目管理的原则,按照分区筹备,运到现场按照分区管理。

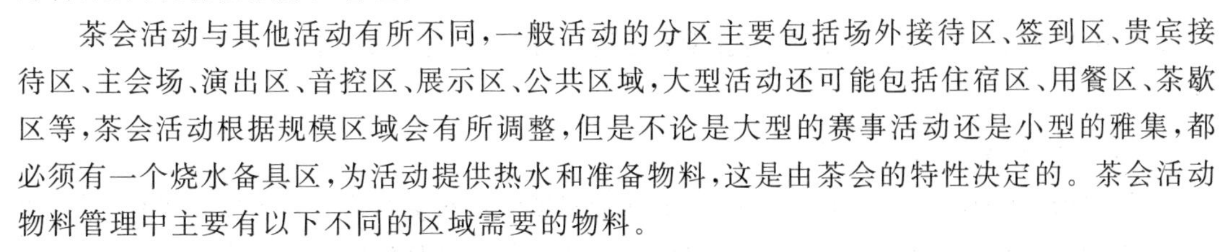

茶会活动与其他活动有所不同,一般活动的分区主要包括场外接待区、签到区、贵宾接待区、主会场、演出区、音控区、展示区、公共区域,大型活动还可能包括住宿区、用餐区、茶歇区等,茶会活动根据规模区域会有所调整,但是不论是大型的赛事活动还是小型的雅集,都必须有一个烧水备具区,为活动提供热水和准备物料,这是由茶会的特性决定的。茶会活动物料管理中主要有以下不同的区域需要的物料。

1. 场外接待区物料

场外接待区需要准备的物料因活动的规模而不同,大型活动场外接待区需要的物料一般包括接站牌、欢迎横幅、接站指示牌、接待人员胸牌、嘉宾等待区、矿泉水、停车标志、车头纸、停车提示标语等;小型活动一般需要在场外设置引导牌或活动海报等。

2. 住宿区物料

大型活动或赛事一般会为嘉宾或参与人员统一安排住宿，此时需要欢迎函（慰问卡）、果盘点心、出行指南、简易地图、入住温馨提示等物料。

3. 用餐区物料

在活动用餐区，需要有餐饮指示牌、用餐指引、餐券、餐桌号、嘉宾及领导台签等物料。

4. 茶歇区物料

茶歇区物料主要包括茶歇、音乐、指示牌、沙发、茶点等。

5. 休息区物料

休息区物料一般包含指示牌、水果、迎客茶、沙发；小型茶会若不设休息区，则由引领人员将嘉宾引领至席位，并奉迎客茶。

6. 签到区物料

签到区物料有迎宾人员服装和胸牌、签名墙、签到台标志、签到台、签到席（插花）、签到笔、签到纸、嘉宾伴手礼、活动嘉宾证、活动资料等。

7. 主会场物料

主会场物料有茶桌、椅、嘉宾席位、台签、引导人员服装和胸牌、资料手提袋、嘉宾领导致辞、笔记本、工作证、嘉宾证、活动手册、茶席布、桌旗及茶器具若干。

8. 音控区物料

音控区物料有音响、话筒、笔记本、宣传片、会场音乐、会议放映资料、遥控笔、节目流程单等。

9. 演出区物料

演出区物料有舞台、舞台布置物、主持人服装和主持稿、节目流程单、主茶席、托盘、奖状奖品等；也涉及表演用的表演茶器具、道具、服装、音乐、茶、茶具、茶点等。

10. 展示区物料

展示区一般会需要展示指示牌、工作人员胸卡、商家或产品宣传资料等。

11. 公共区域物料

大型活动场地宽敞，公共区域内会设有主题徽标、主题背景板、海报、引导工作人员及对讲机。

12. 烧水备具区物料

茶会活动在冲泡茶时必须有热水，因此活动现场的热水烧制是非常重要的工作，需要的设备和物料有电源（必须稳定）、接线板、烧水壶、热水瓶、水（足量）、烧水茶桌，以上物料需要根据活动的大小而准备不同容量的烧水器具。

13. 观众区物料

观众区物料有桌子、凳子、茶席基础铺、桌旗、茶具（若干）、插花器具等，所有的物料根据活动的性质和大小需求的量也各不相同。

二、茶会物料收发与保管

（一）物料收发原则

1. 谁经手谁负责

活动前后的物料收发应本着谁经手谁负责的原则，责任落实到个人。

2. 清点物料及时归还

活动多余物料需摆放整齐，清点数量后及时归还。

3. 落实责任

在茶会中损坏和丢失的物料要查明原因，落实责任。

4. 及时盘点物料

物资发放与供应及时盘点，确保账物相符，发现问题要及时追查和处理。

（二）物料保管原则

1. 受潮易损类物料保管

茶叶、纸质印刷物等物料应置于通风良好、干燥、干净的位置；阴雨季节，此类物料应做到“四勤”，即勤检查、勤搬动、勤核对、勤汇报。

2. 碰撞易损类物料保管

小件碰撞易损类物料如玻璃茶具、陶瓷茶具等，收发与保管应严格遵照操作规程，轻拿轻放，不同规格与款式应分类摆放，运输时尽量装箱，并做好保护措施，严禁混杂搬运、暴力搬运。

大件碰撞易损类物料如茶桌、展示柜等需做到及时检查与及时维修，搬运过程中均应轻拿轻放，严禁扔、踩、碰、撞、摔。

3. 过期失效类物料保管

茶点、邀请函、宣传册等，应按照物料保质期限分区、分类存放。对过期及失效物料要及时清点，通知使用部门并上报上级主管领导。对放置时间过久或已失效的物料，要上报上级主管领导处理，严禁私自丢弃。此类物料在采购时应本着“用多少、采购多少”的原则，避免积压过多。

4. 其他物料保管

物料入库时，应检查其完好程度，确认无损伤后方可入库。各类物料应放置在指定区域，勤检查、勤核对，保证物料的正常使用。

实训项目

【目的】掌握茶会活动物料管理的内容。

【资料】根据茶会活动策划，划分茶会活动分区，梳理物料表。

【要求】完成茶会活动物料明细表。

任务四　茶会活动安全管理

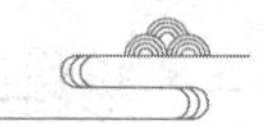

情境设置

任务提出：安全是任何一项活动成功举办的基础，无论是大型茶会活动还是小型茶会活动，安全都很重要，那么茶会活动现场如何进行安全管理呢？

任务导入：依据之前的茶会活动策划方案，根据安全管理内容分别制定大型茶会和小型茶会活动安全管理内容。

茶会现场是一个人流、物料相对密集的场所，在茶会中发生任何危险事件都会产生不良影响，既造成主办方和客人的人身和财产损失，又对茶会造成无形的损害。同时，茶会活动的主办方中有许多茶叶企业、学校、茶叶协会、茶叶爱好者团体等，对危机事件的应变能力和抵御能力不强。因此，提高危机意识，把安全管理纳入茶会管理，对茶会活动的开展非常有必要。

茶会活动安全管理

一、茶会现场的安全管理

茶会安全管理的主体是茶会现场的安全。茶会现场的人、财、物、信息等安全都是工作人员与宾客的基本需要。茶会安全管理可以定义为保障客人、工作人员两方面的人身、财产安全而进行的一系列计划、组织、指挥、协调、控制管理活动。茶会活动现场的安全管理主要有以下方面。

1. 对场地进行安全分析

茶会活动主办方选择场地时，一定要对场地进行安全分析，分析的内容主要有：有无发生过火灾、盗窃事件；出入现场的通道是否符合安全标准；场内的安全设施是否齐全等。应着重检查场地用电安全、监控系统和应急服务，反复确认有关安全的问题，确保这个场所是安全的。

2. 同当地的安全管理部门建立良好的工作关系

在茶会活动开始前，要陪同消防和安保部门对活动场地进行一次全面、系统的检查，保证场地符合消防和安全要求，彻底清除可能的安全隐患，并且确定当茶会出现安全问题时能及时得到相关部门的帮助。

3. 确认活动现场设施设备

确保现场的安全保障设施设备齐全，如对讲机、灭火器、警戒线、隔离带、禁止通行牌、故障牌、医药箱、警棍、交通标志牌、位满牌等。同时，确保所有参加茶会的客人和工作人员都能读懂安全标牌与图示，如，安全疏散图、出口标志、急救标志、警告标志、紧急援助电话号码等。图 7-5 为 2019 年云南省中华茶艺大赛赛场的安全疏散图，各类标牌与图示应像这样清晰、易懂。

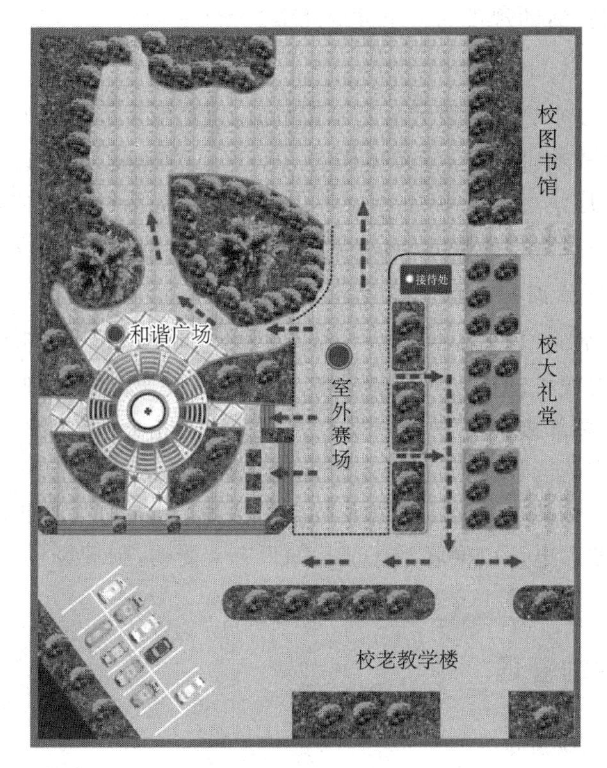

图 7-5　安全疏散图

4. 形成活动安全管理组织保障

(1) 确定活动现场安全管理组织架构

活动现场安全管理组织架构应完善，职责分工应明确。活动现场要在总指挥的引导下成立安全指挥小组，下面可以设置安保组、机动应急组和疏散引导组。不同岗位的人员职责各不相同，安保组以现场巡逻、维护现场日常安全为主；机动应急组是在活动现场出现突发情况时可以应急出动的保障人员；疏散引导组是现场出现意外情况时的疏散引导人员，如图 7-6 所示。

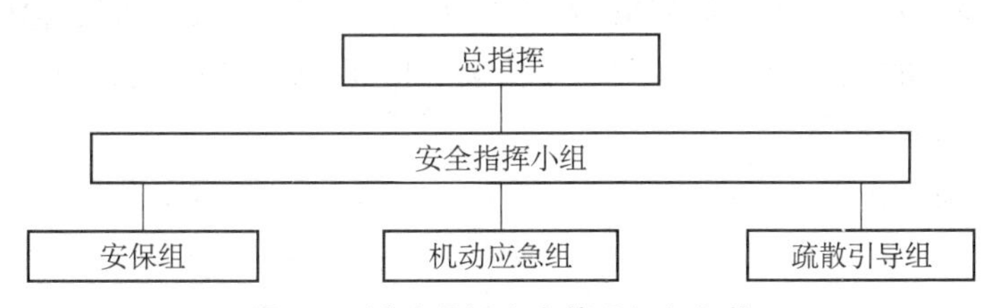

图 7-6　活动现场安全管理组织架构

(2) 制订安保计划

活动现场需要制订详细的安保计划，如在活动现场设置全天候安保巡逻岗、重点巡逻岗和人流密集处巡逻岗等。全天候安保巡逻岗是指全天随时保证 4 人分两组巡逻，由受过安保训练的人员组成；重点巡逻岗可以 2 人一组，对电器、防火等重点进行巡防，巡逻人员要懂电，并携带简易工具，巡逻时间根据设备及现场情况每天数次；人流密集处巡逻岗是根据情况安排机动组人员携对讲机不定时重点巡视，由安全指挥小组主管负责现场巡检督促。安保人员的数量可以根据活动规模的大小进行调整。

5. 制订媒体管理计划

媒体对茶会活动安全管理的成效有重要影响，可以帮助主办方更好地处理危机，也可以给危机管理带来负面影响，因此应将媒体作为一个重要的管理对象纳入安全管理计划。制订媒体管理计划具体应注意以下事项：与媒体保持多渠道的沟通和密切联系；适当控制媒体的活动范围，以便为危机管理赢得时间；尽量提供真实的信息；不要和媒体发生冲突等。

6. 制订活动现场防拥挤或踩踏应急预案

发现发生踩踏事故时，当值安管人员立即通知安防主管，同时尽可能予以制止。安防主管接到报告后，立即带领机动组人员赶到现场，实施现场戒严，疏散人群，同时将情况向指挥部当值领导汇报。指挥部接到报警后，根据情况立即协调相关单位及政府部门，快速赶赴事故现场，根据情况指定现场负责人，指挥事故处理及安全疏散。

如果财产被损坏，则现场负责人通知指挥部派人统计，并拍照取证，留下现场目击证人的姓名、联系地址和联系电话以便联系作证。如果有人受伤，则现场负责人应立刻组织将伤员转移到安全位置，同时拨打120急救电话。

二、突发事件的管理

1. 突发事件的管理原则

（1）预防为主原则

预防为主原则是指管理重点应放在茶会的安保预防工作上，做到会前策划安保工作，制订完善的安保工作实施方案，并举行消防演练；茶会活动中严格落实安保工作方案；活动结束后及时总结经验，为下次活动做准备。

（2）快速反应原则

突发事件发生后，要及时准确地了解、把握事件的具体情况，分析发展动向，迅速启动应急方案，快速反应，及时、有效地控制事态发展。

（3）统一指挥，协调联动原则

茶会活动安全管理应由茶会策划组、安保组、执行组、接待组、新闻组等协调完成。一旦突发事件发生，各小组要相互协调与配合，服从统一指挥，协同作战，互相支持，积极应对，保证应急工作有序、高效开展。

2. 突发事件的处理

（1）盗窃

盗窃是活动中常发生的一类事件。大型茶会活动人员复杂，一旦发生盗窃事件，失物很难追回；小型茶会活动多是邀请制，参与人员明确，一旦发生盗窃事件，会极大影响主办方声誉。预防盗窃事件要从出入口开始，可以应用电子身份核查系统对人员进行核查。对安全要求标准较高的茶会，要加大安全预算支出，引进和改进电子监控设施。此外，要加强安全保卫队伍的建设和与公安系统的联系。

（2）火灾

火灾也是极具隐患的安全事件，大部分火灾都是人为因素造成的。例如，茶会现场需大量用水、用电，稍有疏忽就会引起火灾；茶会现场中的某些客人可能将尚未完全熄灭的烟头丢弃，很容易使火势蔓延。更为可怕的是，火灾发生会引起人群恐慌，大量人员向出入口逃散，给救火工作造成阻碍。如何把茶会现场发生火灾的风险降到最小，需要茶会主办方和场地管理者在最初的策划或现场的服务中将所有注意事项（如禁止吸烟的标识要醒目，员工要熟知消防器材的安放地点和使用方法等）、紧急疏散方式（出入口以及紧急出口的标识要明显）、在发生危害时的急救措施（湿毛巾掩住口鼻）告知每一位工作人员，可采取会前的宣传手册告知和危害发生时的现场指导相结合的方式。

（3）暴力行为

暴力行为范围广，包括抢劫、袭击、对抗、故意制造混乱、示威、恐怖主义分子爆炸威胁或暴乱。这些事件最典型的特点是影响面很大，处理这类事件除了及时与安保人员和武警官兵配合，将人员带离活动现场，尽快解决问题之外，还应该配备一个有经验的发言人或协调员，以防止事件扩大，同时稳定客人的情绪。

（4）工程事故

茶会活动的展台和其他设施都是临时搭建的，在活动结束后会被拆掉，因而一些搭建公司为了节约成本选择非专业人士进行现场施工，所用的材料及工程质量存在安全隐患。因此，为了保证安全，茶会活动现场应当制定一系列的安全规定：照明设备和材料必须符合当地安全标准；展台搭建所用的材料必须具备防火功能；电源必须由展会指定的搭建公司人员负责安装；不能使用有安全隐患的工具和材料；由专人负责检查设备情况，以保证茶会安全，确保设备正常工作。

（5）医疗卫生

茶会活动现场是人群的聚集地，拥挤或者过于激动可能造成突发性疾病或者晕厥；茶会活动经常会提供茶点，可能会发生食物过敏、食物中毒、儿童不慎被食物噎到等医疗卫生事故。所以基本上每个茶会活动都应采取基本的医疗救助措施来维持茶会活动的正常进行。在茶会中应该有合格的工作人员在场处理紧急情况，如果是大型茶会活动，则需要聘请医生或护理人员在现场待命，以应对紧急的医疗卫生事件。

实训项目

【目的】掌握茶会活动安全管理内容。

【资料】根据不同规模茶会梳理安全管理内容。

【要求】完成茶会活动安全管理清单。

知识拓展

马拉松悲剧何以发生？

2021 年 5 月 22 日，甘肃省白银市景泰县举行的黄河石林山地马拉松百公里越野赛遭遇极端天气，21 人遇难。事实证明极限运动有一定风险，但更大的风险是存在侥幸心理。

很多网友都觉得，一场体育赛事造成如此严重的伤亡，真是万万没想到。问题恰恰就出在了这个“没想到”。极端天气确实来得突然，但赛事举办地本来就是高海拔地区，地况复杂，出现极端天气是有一定概率的。极端天气会让每一个环节遇到的困难成倍放大，这一点组织方想到了吗？有没有做过全面专业的预案？有没有对参赛人员进行及时、充分的提示？这项赛事此前已经平安举办了几届，是不是就可以放松警惕了？极限运动总要面对一定的风险，但这次事件证明，更大的风险恐怕是存在侥幸心理。安全这根弦一时一刻都松不得，因为任何比赛的终点都不是完赛，而是安全回家。

项目八
茶会活动总结

※ 掌握茶会活动收尾工作的要点，能够将活动资料归档。

※ 熟悉茶会活动评估的内容，对茶会活动进行评估。

※ 学习茶会活动收尾工作，培养精益求精的职业精神。

※ 学习茶会活动评估，培养逻辑思维能力。

任务一　茶会活动收尾

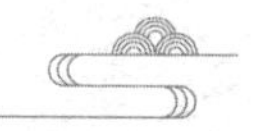

情境设置

任务提出：茶会活动的谢幕不意味活动完全结束，对执行人员来说，还有一个更系统的工作阶段，即活动收尾工作，收尾工作包含哪些内容？活动结束后，活动资料应该如何处理？哪些资料需要留存？

任务导入：用思维导图的形式将活动收尾的内容和总结复盘的工作内容展现出来，并对前期活动进行资料归档。

对嘉宾来说，主持人宣布谢幕，茶会活动就算结束了，但是对工作人员来说，谢幕并不是活动的结束，只是活动执行环节的结束。因为活动执行环节结束之后，工作人员还有工作要做，即活动收尾，主要包括清场收工、总结复盘、资料归档等。

茶会活动收尾

一、茶会活动清场收工

茶会活动清场收工的主要对象、工作内容及责任人如表 8-1 所示。

茶会活动清场收工工作中，送别客人是一项重要工作内容，活动执行方可以通过短信形式向活动重要嘉宾或观众发送温馨的互动短信，对他们的参与表示感谢，并请其对活动现场参与的感受提出宝贵意见，以便后期改进。这对加深他们对活动的好感度和提高活动的后续影响力非常有用。

在清场收工工作中，关键词是“清点”与“撤离”。“清点”是指清点所有物料、人员、费用。清点物料是活动现场使用的物料在活动结束时要根据物料清单进行清洗、整理，户外的茶会还需要整理打包；清点人员是对活动现场的工作人员包括志愿者，统计工作内容和时长，以

表 8-1　茶会活动清场收工

主 要 对 象	工作内容	责 任 人
嘉宾、客人和观众	退场秩序 司机安排 短信发送	接待人员 后勤人员 活动总指挥(工作稽核)
物料	设备撤展(设备检查) 仓库清点 统一保管	现场物料管理人员 后勤人员(协助清点) 活动总指挥(工作稽核)
费用 (场所费用;供应商费用,外包服务费用,外聘人员费用)	合同依据 票据留存 费用签字 预算复核	财务人员 后勤采办人员 活动总指挥(工作稽核)

便核算报酬或奖励;清点费用可以等到活动现场整理好,物料统一收回后进行,主要包括场地服务费用、外聘人员费用、供应商费用、外包服务费用等,清点工作的每一项内容都不能省。“撤离”是保证所有活动相关人员、物料撤离活动现场并安全抵达返程目的地。清点和撤离工作可以根据活动特点分组执行,由小组负责人确认其人员和物料是否已经全部归位。

二、茶会活动总结复盘

总结是对已实施的整个活动进行综合性、概括性的回顾、评价、归档、整改的工作过程,复盘思维则是对过去的事情进行思维演练。

活动的总结与复盘是茶会活动收尾中很重要的一项工作,通过总结活动找出活动成功的经验和失败的教训,通过活动复盘提高主办方活动策划和执行的水平,提高活动承办技巧。只有对过去的工作做出科学、中肯的评价,才有未来更科学、更有效的工作产生。只有经过总结复盘,才能为活动画上圆满的句号。

总结复盘工作主要包括以下内容:如果是对外承接的茶会,需要得到客户的认可,确认已完成的工作符合需求;移交最终的成果,如约定拍摄的视频或照片等;对外承接的茶会涉及合同终结,包括合同款按时回款;撰写活动总结报告,总结经验教训,更新员工技能;和包含利益相关方的活动项目组成员在内的关键人员一起评估活动的执行过程及最终效果:报告最后的活动绩效;完善活动档案,更新活动信息、数据库等工作。自行组织的茶会需要做的是撰写活动总结报告;总结经验教训,更新员工技能;完善活动档案,更新活动信息等。

总结复盘有很多种方法,可以召开活动总结会,可以由每个小组责任人总结在活动中的积极作用和取得的成效,同时分析工作中出现的问题;也可以通过批评和相互批评对活动提出意见,进行总结分析。在总结复盘的最后,应由总指挥进行点评和总结,分析优点与不足,为下一次活动积累经验。

三、茶会活动资料归档

1. 活动资料整理

活动结束后需要对活动相关的资料进行整理及归档,为今后的活动提供借鉴。需要整理的资料包括活动全过程收集的各项有关活动的各种资料，包括文字、图片以及影音等活动资料，尤其是活动组织期间的工作记录、执行变动情况等资料。可按活动前期、活动中期、活动后期进行整理，具体内容如表 8-2 所示。

表 8-2　茶会活动归档资料

活动阶段		大 型 活 动	小 型 活 动
活动前期	立项	活动立项文件 活动可行性分析报告	
	策划	活动策划方案 活动方案（对外发布）、邀请函	活动策划方案 活动方案（对外发布）、邀请函
	筹备	活动执行方案 活动物料表 活动日程推进表 管理制度	活动执行方案 活动物料表 活动日程推进表
活动中期	执行	文档：活动节目单、活动执行日进程安排表 影音：现场照片、视频、音频等	文档：活动节目单、活动执行日进程安排表 影音：现场照片、视频、音频等
活动后期	总结评估	活动总结 活动推广资料：新闻稿、推文、影响力数据等	活动总结 活动推广资料：新闻稿、推文、影响力数据等

2. 活动资料格式统一

在活动资料归档时，应做到文字、格式统一规范。整齐、正规的版面可以使资料条理清晰，不仅方便活动策划文案对外发布或者提交上级审阅，而且之后参考、翻阅时都会轻松、方便。可以参考表 8-3 做一份资料目录，使各类资料一目了然。

表 8-3　茶会活动资料归档

<table>
<tr><td colspan="6">一、活动基本情况</td></tr>
<tr><td colspan="2">活动名称</td><td colspan="4"></td></tr>
<tr><td colspan="2">主办单位</td><td colspan="2"></td><td>承办单位</td><td></td></tr>
<tr><td colspan="2">策划者</td><td colspan="2"></td><td>审核人</td><td></td></tr>
<tr><td colspan="2">活动总控</td><td colspan="2"></td><td>制定日期</td><td></td></tr>
<tr><td colspan="6">二、活动完成情况总结</td></tr>
<tr><td colspan="6">1. 时间总结</td></tr>
<tr><td>开始时间</td><td></td><td>计划完成日期</td><td></td><td>实际完成日期</td><td></td></tr>
<tr><td colspan="6">时间差异分析

</td></tr>
</table>

续表

2. 活动参与总结			
计划参与嘉宾人数		实际参与嘉宾人数	
参与人数总结			
3. 成本总结			
计划费用		实际费用	
成本(差异)分析			
4. 影响力分析			
活动推广渠道		活动关注人数	
影响力分析			
三、活动经验、教训总结			
四、资料目录			
签字		日期	
活动总控			
审核人			

实训项目

【目的】掌握茶会活动收尾工作的主要内容，并对活动资料归档。

【资料】前期活动资料。

【要求】对前期执行的活动收尾，并对活动的资料进行归档。

任务二 茶会活动评估

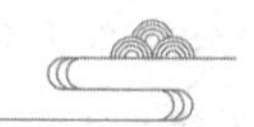

情境设置

任务提出：一项活动经过策划到执行，整个过程中肯定有很多的经验和教训，可以为接下来的活动提供参考，这个反思过称就是活动评估。活动评估之后才算一个活动的结束。为什么要进行活动评估？由哪些人来评估？评估的方法有哪些？活动评估的内容有哪些？

任务导入：选择一个活动评估主体，运用活动评估的方法，对前期策划活动进行效果评估、时间评估、成本评估和影响力评估。

活动评估是通过严格观察、衡量和监控一个活动的执行，精确评定整个活动效果的过程。茶会活动评估对茶会活动策划、组织和管理过程非常重要。通过对茶会活动进行客观、严格的评估，可以不断改善茶会活动的策划和管理水平，并把正确的评估结果提供给利益相关者。

茶会活动评估

活动是一个循环，是从活动策划到活动执行，到活动评估，再回到第一步即活动策划的过程，如图 8-1 所示。通过这样的循环往复，可以将已有的经验用于接下来的活动策划和管理中，改善活动的效果。

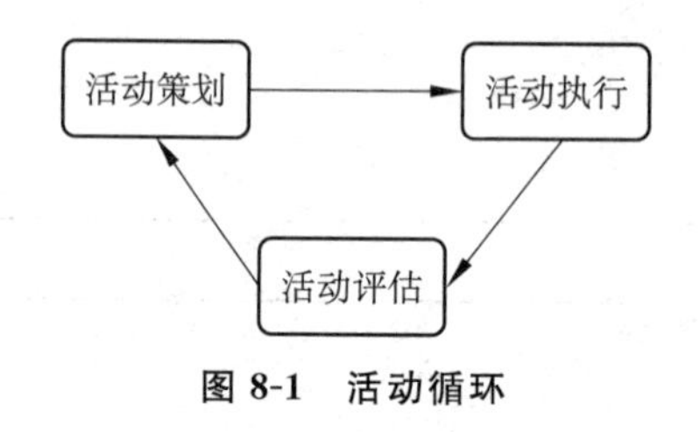

图 8-1 活动循环

一、茶会活动评估的目的

茶会活动评估的目的是提高组织者的管理水平，增强利益相关者的信心，为下一次茶会提供决策和管理依据，提升整个活动的形象。

1. 提高组织者的管理水平

通过这样的活动循环，可以检查是否达到活动的预期目标，策划与管理是否有效，以提高活动组织者的管理水平。

2. 增强利益相关者的信心

通过活动评估，可以获得有效的反馈信息，进而确定观众是否满意，活动的主要效益指标是否达到，增强活动利益相关者的信心。

3. 提供决策和管理依据

通过对活动项目的目的、实施过程、效益、作用和影响进行全面系统的分析，从正反两方面总结各种经验和教训，找出活动的成功与不足，为下一届活动或新活动项目的策划和管理提供依据。

4. 提升活动的总体形象

活动评估可为编写活动的总结报告提供数据依据和翔实资料，作为重要信息反馈给利益相关者，提高活动的形象，为塑造品牌茶会活动提供支持。

二、茶会活动评估的主体

茶会活动评估的主体包括活动主办方、活动项目组、专业评估机构、观众和赞助商。

1. 活动主办方

活动主办方是活动的主要投入者，他们非常重视活动评估。通常情况下，如果主办方是企业，其首要关注的是活动带来的经济利益；如果主办方是政府部门，其关注的主要是活动带来的文化、社会和环境影响。同时，茶会活动的主办方，都会关注茶文化的传播情况。

2. 活动项目组

活动项目组参加了活动的全过程，亲身经历了活动策划到管理，对活动的工作与效果最有发言权，他们的自我工作总结是评估的重要组成部分。活动项目组成员主要包括策划人员、管理人员、执行人员，也包括所招募的志愿者。

3. 专业评估机构

专业评估机构可以避免成见或偏见，评估可以更客观和科学，且专业程度较高。不过这种专业评估的费用也较高，因此只有一些大型茶会活动才会请专业评估机构加入。

4. 观众

观众是活动评估的重要对象，可通过访谈、问卷等方式对活动现场的观众进行调查，以获取有利于管理者改进工作的一手资料。

5. 赞助商

赞助商可通过活动评估了解此次赞助是否提高了其公司在目标客群中的认知度，提高了多少，以及是否树立了良好的企业形象等。

三、茶会活动评估的方法

茶会活动评估的方法有观察法、问卷调查法、小组调查法、访谈法等，应选择恰当的方法进行活动评估。

1. 观察法

观察法是参与者或评估人员通过观察或体验，在活动执行中记录茶友们对活动的整个过程、不同活动项目或不同时间内期待、鼓舞、积极参与的程度等，或有针对性地记录活动的内容。

2. 问卷调查法

问卷调查法是通过设计并发放相应的问卷，向参与活动的茶友、嘉宾、活动合作者等进行调研的方法。

3. 小组调查法

小组调查法是先对调研对象进行分组，然后有针对性地使用调查工具或采访的方式对他们进行调研。

4. 访谈法

访谈法是通过寻找活动中具有代表性的人员进行访谈，使其对整个活动进行评价的过程，主要是通过现场采访的方式进行。

四、茶会活动评估的内容

茶会活动评估的内容

茶会活动评估的内容因评估主体的不同，重点存在差异，总体来看包括效果评估、时间评估、成本评估和影响力评估。

（一）效果评估

效果评估主要关注活动预期是否达成，活动质量是否达标，参与者是否满意。

1. 活动预期是否达成

活动评估人员应该客观考量活动的结果，可以从活动现场的人气、活动结束后的口碑、活动后的市场反应等来衡量。

（1）活动现场的人气

活动举办得如何、传播效果如何，最直观的体现就是活动当天当地吸引了多少人参加，有多少人关注此活动。如果当天现场人数寥寥无几，说明消费者完全不关心，没有提起消费者的兴趣，活动效果自然不佳。相反，如果活动现场门庭若市，人们争先恐后地参与，这场活动必然已充分调动消费者的兴趣，活动效果良好。

（2）活动结束后的口碑

活动结束以后可以随机与参与者进行沟通，也可以通过问卷进行调查，了解参与者对此次活动的评价，以便直接评估此次活动是否达到预期效果。

（3）活动后的市场反应

一个有影响力的活动结束后，媒体会对其进行后续报道，市场上消费者会继续谈论该活动对他们的影响，同行们会跟风类似形式的活动，这一系列的市场反应可以充分体现活动的效果。如在曲水流觞茶会和无我茶会举办以后，各类主办者常举办类似的曲水流觞茶会和无我茶会，说明大家对这两种茶会的效果是认可的。

2. 活动质量是否达标

活动质量包括活动是否圆满完成、活动效果传播度、活动安排是否合理等因素。一个活动最基本的质量就是看它能否圆满地执行。如果在发生突发情况时，事先没有准备相应对策，但临场应变能力快，迅速将突发情况处理妥当，也能保证活动顺利进行。但如果处理不

当，导致活动因此而中断，会引起参与者的不满，使活动质量大打折扣。

3. 参与者是否满意

活动参与者满意度中，最主要的是宾客，他们的满意是活动成功的关键。要想让宾客在活动中感到满意，就要确保执行人员的处理方式、处理能力让宾客满意。宾客们认可了活动工作人员的执行能力，就是对这场活动的满意，当然这是在保证活动效果的前提下。

（二）时间评估

时间评估主要关注时间安排是否被严格执行，以及现场时间安排出了哪些问题。

1. 时间安排是否被严格执行。

活动成功的一个重要指标就是按照时间安排进行活动，也就是按照提前制定的活动日程表执行活动。很多活动中都会有突发事件，一个好的活动策划者应该能考虑到各种各样的情况，做到严格执行时间安排，使活动得到各方认可。

2. 现场时间安排出了哪些问题

如果现场时间安排出现了问题，需要认真审视出了哪些问题，可以从以下两方面来考虑。

（1）有哪些没有想到的突发情况

突发情况不以执行者的意志为转移，没有任何预兆，如准备开始了，主持人的话筒却没电了；领导要致辞了，发言稿却没带。要反思有哪些没有想到的突发情况，在下次的活动中，在重要环节多做几个应急预案，吸取宝贵的经验。

（2）有哪些时间安排不符合现场情况

活动的安排不是一环紧扣一环就一定是正确，活动的最终目的是让参与者记忆深刻并高度参与其中，因此需要根据现场参与者的客观情况针对性地设置每一个环节，而不是每个环节都是固定的。例如，现场有嘉宾参与的环节，时间就很难固定，所以做活动之前也要了解嘉宾或参与者的基本情况和预期情况，如嘉宾或参与者的社会关系和人际关系、年龄构成、职务构成等，了解得越多，就越容易站在参与者的角度去考量活动。

（三）成本评估

活动成本主要有人力成本、物料成本、设备成本等，每一项成本都是必不可少的，所以不要想如何缩减或者取消某项支出以节省成本，这样只会让活动在执行过程中发生更多麻烦，使活动效果大打折扣。

成本评估中一方面是看每项支出是否低于当前市场价格，持平和高于市场价会增加成本，低于市场价才是活动成本评估时主办方乐于见到的；另一方面是看执行期间有没有额外的支出产生，这需要在之后制定活动预算时予以考虑。

（四）影响力评估

活动影响力评估是指在活动结束后的一段时间内，活动对社会造成的影响以及对参与者的影响。

社会影响力可以通过媒体在一段时间内释放活动的相关信息进行衡量，这些信息是否被不同媒体转载或二次释放，造成更大的影响。有些活动为了获取活动对外的影响力，主办单位会要求分析活动影响力数据，如活动推广宣传的渠道以及关注度等。这个工作需要持续一段时间，可以收集线上和线下的资料进行评估。

参与者的影响中，主要是对活动参与的宾客的影响。活动的目的是达成宾客的需求，而活动的结果将对宾客造成直接影响。在活动结束后的一段时间内，可能是短期内集中的影响，也可能是长期缓慢的积极影响，后者或许是宾客更期望的结果。参与者的影响力评估可以通过问卷调研或访谈等形式进行。

实训项目

【目的】理解活动评估的目的、主体和方法，掌握活动评估的方法和内容。

【资料】围绕前期执行的茶会活动进行。

【要求】根据前期执行的茶会活动，选择一个评估主体，运用恰当的评估方法，对活动的执行效果和影响力进行评估，并形成评估文本，以 Word 或 PPT 形式上交。

知识拓展

第五届中华茶奥会闭幕

茶香诗韵聚浓情，中华茶奥促前行。2018 年 12 月 2 日下午，第五届中华茶奥会在龙坞茶镇落幕，作为国家“一带一路”倡议布局下茶产业发展的重要组成部分，本届茶奥会搭建了茶文化的有效载体和平台，生动活泼地发扬了“茶为国饮”的丰富内涵，开创了中华茶奥会的新局面。

短短三天会期，茶艺大赛、仿宋茗战、茶品鉴及沏泡技艺竞赛、茶席与茶空间设计赛、茶具设计赛、“茶十”调饮赛、茶服设计赛（茶服秀）、“茶说家”演讲大赛有序开赛，“中国茶食品技术高峰论坛”“中国茶产业联盟常务理事会”和“中华茶奥会工作研讨会”三大会议也顺利召开。

本届茶奥会紧紧围绕“科技茶奥、品质茶奥、人文茶奥、活力茶奥、时尚茶奥”的主题，比拼茶技茶艺、贡献思想智慧、探讨合作途径、展望未来愿景，取得了丰硕的成果。据组委会统计，本届茶奥会现场参与人数超过 2 000 人，选手达 1 500 多人。相比往届，第五届中华茶奥会的规模、参与人数均创历史新高，活动呈现出更开放、更规范、更权威的特点。来自 16 个国家的爱茶人士奉献了一场茶香浓郁的竞技盛宴，他们以茶会友、切磋技艺、展示风采，将中国茶和茶文化娓娓道来。

第五届中华茶奥会总裁判长评价本届茶奥会：“赛事内容丰富、规模大、权威性强，这样亲民的比赛，对弘扬传承茶文化，增强文化自信，提高生活品质，促进茶叶消费和产业发展具有重要意义。”

闭幕式现场，大会组委会颁发了八大赛事 43 个项目的 45 枚金牌、71 枚银牌和 119 枚铜牌，还颁发了特别贡献奖、组织奖等奖项。中国国际茶文化研究会常务副会长、中华茶奥会主席孙忠焕在总结梳理本届大赛相关情况时强调：“第五届中华茶奥会是一次可圈、可点、可庆的盛会。”他认为，本届茶奥会既搭建了合作交流的平台，又有思想创见的分享；既贡献了茶界智慧，又促进了产业前行，是名副其实的特色精品茶盛会。同时，它与中国国际茶叶博览会形成互补之势，为促进中国茶产业和茶文化的健康发展贡献力量。

（资料来源：第五届中华茶奥会今日闭幕．浙江日报．2018－12－02.）

参考文献

[1] 董诰．全唐文[M]. 北京：中华书局，1983.
[2] 段莹，郑慕蓉，王斌等．茶会的起源与发展概述[J]. 茶叶通讯，2014(2)：43-45.
[3] 杨艳如，冯文开．北宋茶诗与文人茶会[J]. 农业考古，2022(2)：126-131.
[4] 周建刚．唐宋寺院的茶筵、茶会和茶汤礼[J]. 湖南城市学院学报，2012，33(1)：31-35.
[5] 朱红缨．雅集茶会的沿革及现代性[J]. 茶叶，2014(2)：104-108.
[6] 蔡荣章．无我茶会[M]. 北京：北京时代华文书局，2016.
[7] 陈刚俊．宋代茶宴述论[J]. 农业考古，2016(5)：68-71.
[8] 杨晓霭．雅宴茶香笙歌阑——宋代士大夫的茶会情趣与茶词歌唱[J]. 文学史话，2013(2)：60-67.
[9] 沈学政，朱阳．历史视野下的中国茶会文化的传播与发展[J]. 农业考古，2013(2)：98-101.
[10] 王岳飞，周继红，徐平．茶文化与茶健康：品茗通识[M]. 浙江：浙江大学出版社，2021.
[11] 史雅卿．现代茶会的商业推广研究[D]. 北京：中国农业科学院，2013：5-12.
[12] 周佳灵．主题茶会中的茶席设计研究[D]. 杭州：浙江农林大学，2016：6-8.
[13] 张丽．三月三与曲水流觞——古人的游春习俗[J]. 甘肃农业，2017(5)：50-51.
[14] 温传明．活动策划与组织实施：641 法则实战攻略[M]. 北京：东方出版社，2015.
[15] 卢晓．节事活动策划与管理[M]. 4 版．上海：上海人民出版社，2016.
[16] 杨梅，牟红．休闲活动策划与服务[M]. 北京：北京大学出版社，2013.
[17] 林瑞萱．中日韩英四国茶道[M]. 北京：中华书局，2008.
[18] 王伟，浮石．活动创造价值[M]. 湖南：湖南科学技术出版社，2009.
[19] 孟俊．网络直播火爆背后的冷思考[J]. 智富时代，2017(2)：247.
[20] 丁晓芬，王颖．网络直播热的问题与对策[J]. 媒介观察，2016(4)：54-55.
[21] 贝蒂娜·康韦尔．活动赞助：体育、艺术活动中的营销传播[M]. 蒋昕，译．重庆：重庆大学出版社，2017.
[22] 李萍．中国茶文化海外传播研究[J]. 福建茶叶，2020(7)：259-260.
[23] 姚晓燕．杭州茶俗略考[J]. 茶叶，2014(2)：109-111.
[24] 范纬．茶会流香：图说中国古代茶文化[M]. 张习广，绘．北京：文物出版社，2019.
[25] 沈冬梅．茶与宋代社会生活[M]. 北京：中国社会科学出版社，2015.